走向世界的中国文明丛书

印刷术

U0286595

YIN
SHUAshu

丛书主编 邹登顺

刘行光
李志国 —— 编著

西南师范大学 出版社

全国百佳图书出版单位 国家一级出版社

图书在版编目（CIP）数据

印刷术 / 刘行光，李志国编著 . — 重庆 ：西南师范大学出版社，2014.3（2019.3 重印）
（走向世界的中国文明丛书）
ISBN 978-7-5621-6678-8

Ⅰ．①印… Ⅱ．①刘… ②李… Ⅲ．①印刷术－技术史－中国－古代 Ⅳ．① TS805-092

中国版本图书馆 CIP 数据核字（2014）第 035721 号

丛书主编　邹登顺

丛书编委　邹登顺　刘行光　沈凤霞　王军平　林和平　西文斌
　　　　　于智华　朱晓东　周云炜　王名磊　徐金红　王　升
　　　　　曾学英　朱致翔　韦　娜

走向世界的中国文明丛书

印刷术
YIINSHUASHU

刘行光　李志国　编著

责任编辑：何雨婷　张昊越
出版策划：双安文化
装帧设计：黄　杨　鞠现红
出版发行：西南师范大学出版社
　　　　　地址：重庆市北碚区天生路 2 号
　　　　　邮编：400715
　　　　　http://www.xscbs.com
经　　销：全国新华书店
印　　刷：重庆紫石东南印务有限公司
开　　本：720mm×1030mm　1/16
印　　张：12.25
字　　数：194 千字
版　　次：2014 年 6 月　第 1 版
印　　次：2019 年 3 月　第 4 次印刷
书　　号：ISBN 978-7-5621-6678-8

定　　价：28.00 元

致读者

倡导"新史学"的梁启超在评述中国文明发展一脉相承、生生不息的同时，从文化交融发展角度指出了中国文明发展的道路：中国之中国、亚洲之中国、世界之中国三阶段。梁氏"三阶段说"独具慧眼，表明中国文明独创之后，走向亚洲，走向世界，与此同时也在拥抱亚洲其他文明和世界文明。中国与世界互为视角，既要坚持"和而不同"，"道并行而不相悖"的智慧，又要有更大视野，考察中国文明不能脱离世界文明的格局，中国文明也对世界有独特价值，并以其独特的方式影响人类文明的发展，做出了应有的贡献。安田朴《中国文化西传欧洲史》如数家珍地介绍，西方魁奈和杜尔哥的重农学派受中国重农风尚影响，古老的冶炼术成就了西方最大金属工业的基础，中式园林影响西方王府公园，西方眼中的中国式样"开明政治"成为其"理想模式"……凡此都表明18世纪西方"中国热"时，中国文明对西方文明的贡献有力焉。历史上，中国文明向亚洲、欧洲输送了许多发明和思想。从世界范围的历史和现状来看，文明程度之所以如此，中国人民的贡献颇多。中国文明除直接被其他文明吸收外，还包括有美国汉学家史景迁《文化类同与文化利用》书名所示的状况——类同和利用：不同文明从对方那里吸取有益成分，充实其文明甚至成为其文明发展的新鲜血液。由于历史原因，自西方工业革命以后，以科技为代表的文明成就日新，非西方国家和民族都争先恐后地学习西方、模仿西方，于是西化之声盈耳，响彻全球。中国近代以来的西化主流呼声一浪高过一浪，激进成时尚，文化交流渐变成西学东渐，东学西渐虽未绝却细细如缕。时至今日，中国如何走向世界，中国文明如何走向世界，依然是有识之士忧思的大问题。

中国文明走向世界，最基本的意思是从文明交流角度看中国文明如何影响日韩越、欧美非等文明，以及世界文明中的中国形象。除此基本意义外，还有两层意思。首先从反思现代性、后现代性角度看，中国文明具有独特的价值。一脉相承延绵 5000 多年的文明积淀，不仅为中华民族发展壮大提供了丰厚滋养，而且有独特的普世价值，诸如"天人合一"，即人与自然和谐的观念可以弥补现代化征服自然之偏执。再次就是，中国文明走向世界意味着顺应时代潮流，睁开眼睛看世界，主动去交流，广泛参与世界文明对话，促进文化相互借鉴，逐步改变西方国家对于中国文化的片面认知与刻板印象，树立新形象。这是中华复兴所需的使命所在，也是国家民族文化安全的重要组成部分。我们必须清醒认识到，把中国文化介绍出去为他国认知，是十分困难的事，必须有长期打算，正如季羡林先生为《东学西渐丛书》写序时说："想介绍中国文化让外国人能懂，实在是一个异常艰巨的任务，对于这一点我们必须头脑清醒。"

重庆双安文化传播公司和西南师范大学出版社出于文化使命感，思索中国文明如何走向世界。中国文明走向世界不仅要总结已有交流史、中国文化形象的得失，更应该从现代性、后现代性角度厘清文明家底，在这样的基础上谈论中国文明走向世界之事才有真实价值。为此策划了《走向世界的中国文明丛书》，涵盖对世界其他文明产生了深远影响的诸多内容，如戏曲、造纸术、丝绸、剪纸、中医、古琴、国画、饮食、印刷术、造船、武术、瓷器、灯谜、玉器、园林艺术等。

中国如何走向世界？中国文明如何走向世界？学人责无旁贷，任重道远，共襄其事，是为序。

邹登顺

（重庆师范大学历史与社会学院副教授、重庆市重点社科基地"三峡社会发展与文化研究院"文化遗产研究所所长）

前　言

　　很久以前，书籍的流传全靠手抄。薄薄的一本书，从头至尾抄一遍，很不容易。如果卷帙浩繁，要抄的书又多，费工费时就更可想象了，所以手抄书的流传局限性很大。打破这种局限性的是什么呢？是印刷术的发明。

　　印刷术是以直接或间接方式对书稿图文进行复制的技术。它能够大量、经济地在多种图文载体上（主要是在纸上）复制图书及其他文献，以便广泛传播和长久保存。中国古代的印刷术分两种，即雕版印刷术和活字印刷术。雕版印刷术发明在前，也称整版印刷术，它是将文字反刻于一整块木板或其他质料的板上，制成印版，并在印版上施墨进行印刷的方法。活字印刷术是在雕版印刷术基础上发明的更为先进的印刷技术。它是先在胶泥、木头或铜、锡等金属上制成一个个阳文反写的单字，再依书稿内容用单个"活字"检排成一块印版，然后在印版上施墨印刷的方法。现代铅印技术，就是从我国古代发明的印刷技术的基础上发展起来的。我国在印刷方面的发明创造是多方面的，不仅发明了雕版印刷术和活字印刷术，一些重大创造如纸币、报纸也是我国发明的，木版水印更是我国独特的印刷技术。

　　印刷术有着它自身产生发展的历史。它的出现绝不是偶然的，是人类社会经济、文化和科学技术发展到一定阶段的产物。我国人民顺应历史的需要，创造了这一伟大发明。印刷术的发展和传播，不仅促进了我国文化的发展，也促进了世界文化的发展，同时保存了丰富的文化遗产。

　　由于印刷术的这种巨大社会作用，它发明后很快得到社会的重视，而且很快地传播到世界很多国家和地区。在印刷术发明后不久，我国各类印刷品也陆续传到了国外。7世纪中期（646年以后），日本有了唐代的印本书，同时，唐朝政府又把雕版作为礼物或商品输入到朝鲜；8世纪初期，朝鲜又自

己雕版刻印佛经 ;9 世纪末或 10 世纪初，朝鲜有了印本书。再到后来，越南、菲律宾、柬埔寨、泰国等与中国邻近的东南亚各国也开始利用印刷术，同时，印刷术逐渐向西方各国传播，促使了欧洲印刷术的兴起。1450 年，德国人谷腾堡在美因茨开办印刷所，仿效中国活字印刷术原理，用铅活字印书。这时离我国毕昇发明活字印刷已有 400 多年，距雕版印刷术的发明时间就更远。从这点看，我国的印刷术对世界文明的兴起起了巨大的作用。

目　录

第一编　印刷术发明以前的时代

　　印刷术的发明使人类文化的传播进入一个新时代。水有源，树有根，要了解印刷术的发明史，就得从印刷术发明以前谈起。这是因为印刷术和其他重大发明一样，要具备一定的物质基础和技术条件，而这些物质基础和技术条件都是在印刷术发明以前书籍发展的过程中逐步形成的。不了解过去的情况，就无法理解印刷术的发明史；同时，不了解印刷术发明前文化传播的艰难情况，就不能深刻体会印刷术在文化传播中的重要意义。

一、发明印刷术的历史需要

　　书籍是人类文化传承的主要载体，当你拿起一本新书，一定会马上被里面新颖的知识、丰富的内容吸引住。当你走进书店，看到书架上那么多的书，会感觉仿佛进入了一片知识的海洋，更增加了你求知的欲望。一本历史书，可以使人们了解到遥远的过去；一本科技书，可以使人们了解到自然界的许多秘密；一本文学书，可以使人受到教育和鼓舞；一张报纸，又可以使人们了解到国内国际最新的重要新闻……

　　如果没有书，现代人类的生活将是不可想象的。然而，我们的祖先原来连文字都没有，当然也就不会有书了。书到底是从哪里来的呢？让我们简短地回顾一下它的历史吧。

1.早期的文化传播方式的演进

　　我们的祖先原来并没有文字，为了记载事情就用绳子结成不同的绳结，即结绳记事。后来出现了象形文字，最后从象形文字才发展成符号文字。

　　在清朝的时候，有一个姓王的人，得了病，请医生治疗。医生给他开了一个药方，其中有一味药，叫"龙骨"。那个人买回药来，仔细端详着"龙骨"。"龙骨"真是不寻常。上面还刻着不少字呢。这些字奇怪得很，像图画一样，和我们现在的字大不一样。这位姓王的是个有心人，他下了一番工夫去琢磨这块"龙骨"上的字，经过长时间的努力，终于弄明白了：这是大约在商朝的时候人们刻下的字。

所谓"龙骨",就是古代牛、羊、猪的骨头或乌龟壳。后来,人们把这种刻在兽骨和乌龟壳上的文字叫"甲骨文"。

甲骨很笨重,不便于携带,大小和形状也不一致。更何况骨头和乌龟壳都很硬,在上面刻字也不那么容易。我们的祖先继续寻找更合适的东西代替骨头和乌龟壳。随着文字的发展,大约在周朝的时候,人们开始把文字刻到木片、竹片上。这种木片、竹片,古人把它叫作竹简、木简,又叫"简牍"。竹片、木片到处都有,取材方便,刻写容易,而且可以根据需要锯成长短不同的规格,在上面写完、刻完文字以后,用绳穿起来,很整齐。就这样,"简牍"取代了"甲骨"。

甲骨文(最早的汉字,公元前13世纪)

可以说,"简牍"就是古老的书。现在我们常写的"册"字,在古代写成"𠕋"。这个字的形状很像几片竹片、木片用绳子穿起来一样。

古时候使用的竹、木简长短不一。长的二尺多,短的一尺多,每片约有半寸宽。一块竹、木简最多能刻写几十个字,少的八九个字。一般二尺多长的用来写书,一尺左右的用来写信,过去常常有人把信叫作"尺牍",就是这个缘故。

这种竹、木简的文字书,沿用了好几百年,直到汉朝时还在使用着。

在战国的时候,有一个学者叫惠施。他要外出旅行,而且还要带着书,以便在旅行途中阅读。这就不容易了,据说惠施用了五辆大车才拉完了书。这是什么书呢?就是竹简、木简书。

秦始皇统一中国,当了皇帝以后,国家大事都由他自己来决定,一天就要看上50多公斤的公文。

西汉时,有个名叫东方朔的文人,给汉武帝写了一个建议书,用了3000

木简

多根木简。这么多的木简就连东方朔自己也拿不动。汉朝管事的官，派了两个人抬着这个建议书送给汉武帝。汉武帝足足看了两个多月才把这个建议书看完。

也许有人以为这个建议书太长了，不然怎能花费这样长的时间才看完呢？其实建议书倒不一定很长，只是阅读的时候，要把这3000多根捆着的木简打开，阅读完还要把它重新捆起来，这样花费的时间就长了。

从这里可以看到，用竹简和木简做书写材料既重，读起来又费事，使用上也受到了限制。而且串联竹简、木简的皮绳如果断了，把次序弄混乱了，或者不小心丢失几片，就更麻烦了，整理、重编要花费很多时间。

当时，人们也用金石即青铜器和石碑来做记载的工具，并已经出现了比简轻便的书写材料，这就是用丝织成的缣帛。用毛笔往缣帛上写字，效果很好，因为缣帛既柔软又光滑。用缣帛写字，也就不用像竹、木简那样用绳编扎起来，每一段文字写好后只要把它卷成一个卷轴就可以了。由于记载一件事就有一个卷轴，所以后来又把一册书也叫一卷。但阅读时要把卷轴打开，这也不太方便。

要知道，缣帛是用蚕丝织成的。我国是世界上最早养蚕的国家，距今5000多年前就已经出现了蚕桑丝绸生产。尽管这样，缣帛的价格还是很贵，因为既要用来做衣服穿，又要用来写字，当时的养蚕业远远满足不了需要。特别是在贫富悬殊极大的传统社会里，普通的读书人是用不起这样贵重的书写材料的，当然也就不能推广了。

没有矛盾，事物就不能发展。社会的需要和书写材料不足之间的矛盾，促使人们去寻找新的书写材料。经过努力探索，在汉朝时终于发明了纸，特别是后来改进了技术，用破布、渔网、树皮为原料，这一矛盾就得到了很好的解决。

纸的发明为印刷术的出现提供了条件，当中国劳动人民发明了印刷术以后，人们交流思想、记载事情就方便多了。这时的书又改变了样子，从卷轴和折页书发展成线装书。特别是自宋朝以后，各种书籍被大量地印制出来，使得人们能够更好地继承前人的文化遗产，学习到科学技术知识，使人们能够享受着丰富的文化生活。

2. 经济文化大繁荣的推进

中华民族是世界上最古老的民族之一。很久以前，为了生存和发展的需要，我们的祖先就创造着自己的文化。在原始社会时期，从基本生活需要出发，人们发明了结绳、刻木等记事方法，以记录生产、生活中的信息。后来，社会分化出奴隶和奴隶主阶级，为适应社会政治、经济和生活的需要，又发明了原始文字，发明了用甲骨和青铜器载文记事的方法，来记录和传播信息。那时候人类生产力低下，文化虽比原始社会大有进步，但只掌握在少数奴隶主手里，有所谓"学术在官"之说。所以，只要有少量的甲骨和青铜器的"书"由史官管理起来也就够用了。

到了春秋后期和战国时期，生产力进一步发展，政治、思想、文化发生了较大变革。春秋末期，周王室已无力控制诸侯间的兼并，战争频繁，结果出现了齐、楚、燕、赵、韩、魏、秦七国割据的局面。历史进入战国时代，政治制度、土地制度变革，社会开始向封建社会过渡。这时候，大批奴隶被解放，成为自耕农，铁制农具开始被广泛使用，农业有了较大发展，社会经济有了进步。为了适应社会的这种发展和进步的需要，许多政治家、思想家、军事家出现了，而且形成了士人阶层。这是我国历史上最早的文化阶层。这些人纷纷对社会提出各自的主张，并力图说服别人。他们中原来任史官的一些人，在著书立说时就把此前一统于官的学术文化向外传播，从而使"学术在官"的思想文化垄断局面逐渐被打破，文化、教育向平民普及，即出现了所谓"学术下移"。孔子就是搜集了鲁、周、宋诸国典籍档案，而作为教本进行讲学和传播学术的，并据此整理、删订成了《易》《书》《诗》《礼》《乐》《春秋》6 部儒家经典。

中国传统哲学中的儒、墨、道三大家，就成学于春秋战国时期，后来又出现了法、名、阴阳、兵家等思想流派。这些流派，都各有自己的思想和著述。同时，在医学、天文、历法、史学、地理、农业及文学艺术等学科中，也出现了许多著作。影响了我国几千年的中国传统思想文化主流，就是在这一时期形成的。在这样一个政治上由奴隶社会向封建社会剧烈变革，经济上出现进步的封建经济萌芽，思想文化上百家争鸣的时代里，需要记录和传播的知识和信息之多，是以前不可相比的。如果记录、传播知识和信息的工具没有与之相适应的进步，就会违背社会发展规律。因此，也就在这一时期里，图书的简册、版牍和缣帛形式被发明创造出来了。

公元前221年，秦始皇统一六国，建立了统一的封建帝国，使"车同轨""书同文"，政治、经济、文化都有了大的发展。到了西汉，又经历了一次封建社会的大进步。仅从思想文化方面讲，据汉代刘向《七略》所录，先秦到汉初的著作就多达603家、13219卷之多，可见其繁荣景象。东汉至南北朝时期，历史、地理著作大增，诗文集大量涌现，文学理论著作、科学著作及宗教图书也大量问世。到西晋时，据荀勖《中经新簿》所录，政府藏书已有1885部、29035卷，较汉时增加了一倍。南北朝时期，据南朝梁阮孝绪《七录》收录，共有图书6188种、44521卷。到了隋末唐初，《隋书·经籍志》已收有图书14466部、89666卷了。从东汉到唐初，图书数量代代成倍增长。仅此一斑，就可看出我国古代学术文化的发达。尤其唐代，是我国封建社会的盛世，政治、经济、文化空前兴盛，单就学术文化来说，其诗歌、散文及其他学术著述，都盛于此前历代。

社会的不断进步和发展，使文字、文化和图书生产不断地向前推进。所以，从汉到唐，人们又适应历史之需，创造了用纸写图书的方法来扩大图书的生产。但是，用手和笔抄写图书，速度慢，生产量小，仍远远不能适应政治、经济发展，尤其是由此带来的学术文化发展的需要。这一历史需要，最终促成了我们的祖先发明印刷术。

二、发明印刷术的物质条件

造纸术是我国古代伟大发明之一。纸张的发明和应用，对人类文明的发展的推动作用也是十分巨大的。它不但是书写的最理想的材料，也是印刷的最理想材料。因此，纸张的发明和应用，为印刷术的发明提供了良好的条件。毛笔也是我国古代的一大发明。毛笔的发明和普及，以及制笔技术的不断提高，对于印刷术的发明也有一定的影响。因为有了毛笔，人们才可能较快速地抄写文字，才可能促进书法艺术的发展，而成熟的书法为雕版印刷提供了适用的字体。墨不但是书写和绘画的主要材料，也是印刷的主要材料，因此，墨的发明和发展，对印刷术的发明也提供了条件。所以，纸、毛笔、墨是发明印刷术不可缺少的物质条件。

1. 纸的发明对印刷术的影响

在陶器、甲骨、青铜器、竹木简和缣帛上写字都非常不便，社会的需要和书写材料不足之间的矛盾，促使人们去寻找新的书写材料。经过努力探索，在汉朝时期终于发明了纸。

最早关于纸的记载，可以追溯到公元前12年。那是在汉成帝的时候，成帝的一个妃子生了一个小男孩。皇后的妹妹很嫉妒，便想害死这个妃子，就派人送来了两包毒药让她吃。这两包药是用什么来包的呢? 用的就是纸。不过那时不叫纸，而是称作"赫蹄"。

在书上还记载了另外一件事，这是在汉武帝晚年时，武帝生了病。他的一个儿子（卫太子）要去看他，可是这个儿子长相并不怎么好看，特别是鼻子很大。有人就出主意："当以纸蔽其鼻"，就是用纸把鼻子遮住的意思。

从这两件事可以说明，西汉就已经有纸了。

有人也许觉得，仅凭书上记载的这么两件事就证明西汉时就有了

世界上最早的纸张——灞桥纸

纸，似乎证据不足。实际上，还有实物为证。1957 年 5 月 8 日，陕西省西安市郊的灞桥砖瓦厂工地上，在取土时，偶然发现了一座古代墓葬。里面有许多珍贵的东西，在包有麻布的铜镜下方放着一叠古纸，一共有 88 片。考古工作者经过研究鉴定，认为这一叠古纸大约就是汉武帝时代的。它被取名为灞桥纸，是世界上已知最早的纸张，现在保存在中国历史博物馆和陕西省博物馆。

最古的纸片到底是怎样制造出来的呢？

最初的造纸法是和丝织业有着密切联系的。"纸"字为什么有个"糸"的偏旁，就是因为最初的纸是在漂丝絮时得到的。

西汉时，我国的丝织业比较发达。当时把好的蚕茧用来抽丝织绸子，不好的蚕茧就用来做丝棉。做丝棉的方法是这样的：先把次等的蚕茧用水煮烂，把茧上的胶质脱除掉，用手工把茧剥开、洗净，再放到浸没在水里的蔑席（或者筐）上，用棒子反复捶打，直到把茧衣捣碎，使蚕茧完全散落开，连成一片，丝棉才取出来。这个过程叫作漂絮。

每次漂絮完了，总有一些残絮留在蔑席上，漂絮的次数一多，在筐席上就附着一层交织的残絮。把蔑席拿出水面，待这一层残絮晾干后，就可以取下来一层薄片。对于这种薄片，人们开始并不太注意，但是后来发现它具有和缣帛一样的性质。有人就尝试用它来书写，果然好用。于是人们就有意识地加以仿制，终于制成了一种新的书写材料，这就是絮纸。

用丝棉残絮来造纸，也同样受到了原料的限制。产量小，价钱也贵，不能大量生产。这种絮纸仅使用很短时间后就不用了，人们又开始寻找更便宜的原料。

　　我国是世界上麻类植物的起源中心，古代的劳动人民很早就用麻来捻线、搓绳，并知道用它来织麻布、制渔网等。生活在农村的朋友一定都知道，秋天把种植的麻砍下来，把它放到河里沤上几天，待胶质脱掉后，才能使用。沤麻的过程中，也常常有些麻絮散落在水中。这样的麻纤维能不能用来造纸呢？劳动人民又经过多次的实践，终于用麻类造出了麻纸。

　　古代的造纸方法，看起来很简单，但是在两千多年以前，能发明用麻纤维沉淀的造纸方法，就不那么简单了！就是在今天，造纸工业有了飞速的发展，但是造纸工艺的基本原理，与两千年前我们老祖宗的造纸法，并没有根本的区别。这充分体现了我国劳动人民的聪明才智。

　　这种古代造纸法到底是谁发明的呢？如果非要问清不可，只能回答说，这首先是劳动妇女创造的。因为古代缫丝漂絮都是妇女们干的。

　　到东汉和帝元兴元年（105年）时，宦官蔡伦总结提炼了人们制作絮纸和麻纸的做法和技术，创造了用树皮、麻头、破布、废渔网等作为原料制造出来的纸，受到汉和帝的称赞，被称为"蔡侯纸"，并得到推广普及。

　　蔡伦，字敬仲，是东汉桂阳郡（今湖南耒阳）人，东汉明帝时，开始在皇宫内当宦官。和帝时，他被提升为中常侍，这是宦官中比较高的一个职位，能够参与国家机密大事。后来又当了尚方令，这也是个官名，负责监督制造

蔡伦铜像

宝剑和其他器械。蔡伦在负责、主持制造各种御器（皇帝用的东西）时，在皇宫的手工业作坊里，认识了全国各地的能工巧匠。蔡伦经常和这些人在一起探讨，匠人的高超技术和创造精神，给他很大的影响，使他有机会能够总结劳动人民在生产中的成果。

虽然我国劳动人民在西汉时就发明了用植物纤维造纸的方法，但是并没有得到发展和推广。东汉时期，由于社会经济文化的日益发展，对书写材料的需要也越来越迫切。蔡伦本人善于诗书，也深深体会到缺纸的困难。在这种情况下，蔡伦总结了劳动人民的造纸经验，采用了用树皮、破布、废渔网等为原料的新的造纸方法。后来，蔡伦把这一重大的造纸革新报告给了朝廷。汉和帝非常称赞，马上通令全国采用。这种新的造纸方法很快传遍了全国各地。

在这以前，造纸只是纺织业的一个附带的部分，没有形成一个独立的行业。蔡伦创造新的造纸方法后，造纸已经逐渐地变为一个独立的行业，并有了迅速的发展。

2. 毛笔对印刷术的影响

毛笔也是我国古代的一大发明。毛笔的发明和普遍应用以及制笔技术的不断提高，对于印刷术的发明也有一定的影响。因为有了毛笔才可能较快速地抄写文字，才可能促进书法艺术的发展；而成熟的书法又为雕版印刷提供了适用的字体。最初的毛笔曾用来描涂甲骨文的笔画，真正用毛笔书写文字，可能开始于在简牍和缣帛上书写文字。纸张使用以后，抄本书籍才大量出现，书法艺术也随之提高。由于材料便宜、书写方便，抄本书数量大增，在客观上促进了社会文化的发展。由于文化向民间的普及，社会上读书人数的激增，抄本书已不能满足社会的需求，因此，人们希望有一种更快速生产书籍的方法，这就促进了印刷术的发明。

就雕版印刷工艺本身来说，也是离不开毛笔的，雕版之前要进行写样和插图的描样，这是雕版印刷的一道重要工序。而将几只毛笔排列在一起，就成为刷子，这也是印刷过程中刷墨和刷印不可缺少的工具。因此，我们可以

"蒙恬将军图"（青花玉壶春瓶）

看出，毛笔对于印刷术的发明，确实有着重要的影响。

关于毛笔的起源，在历史上有不同的说法，而记载最多的是关于"蒙恬造笔"的故事。

在秦始皇统一中国时期，各地战争频繁，前线的战斗捷报要不断送到秦始皇手里。因秦始皇的军法十分严格，凡重大军情限日上奏，否则就处以极刑。可那时传递信息的工具不是信纸信封，而是用竹简，如遇捷报太多，刻简人员便忙不过来。蒙恬一急之下，拽了一把兵器上用麻做成的红缨，绑在一根竹竿上，蘸了颜色，在绫子上写了一道捷报。因麻太软不好使用，一气之下把它扔到院里的石灰坑里去了。

秦统一六国后，又开始建造工程浩大的长城，把原秦、赵、燕三国的北部长城连在一起，同样由蒙恬指挥，而工程进展几乎每天要用竹简飞报，刻简人员加班加点也难以应付。蒙恬在无计可施之时，忽然又想起了上次扔在石灰坑里的那个麻制的红缨。他把它又拾回来使用，因麻变硬了些，写起来比上次好多了，很快在白绫上写了一篇奏章。于是蒙恬便派人照着制作一种好写字的东西。当时有人发现狼皮的尾毛刚柔兼具，便扎几十根拼用，在竹片上写起来十分方便。蒙恬就此取名为"笔"。因为这东西是用毛做的，人们就称它为"毛笔"。

不过也有人认为蒙恬只是制造过性能较好的笔，而不是笔的发明者。近代的学者大多数都认为，秦代以前已使用简策和帛书，而这些不少是用毛笔书写的，以此说明早在蒙恬之前很久，毛笔就开始使用了。

根据出土文物和历史记载，新石器时代的一些彩陶上的花纹，有的能看出用笔的笔锋，可能就是用毛笔描绘的。商代的卜骨上有的残留书写或墨书的未经契刻的文字，笔画圆润爽利，看来是用毛笔书写的。

目前发现最早的毛笔实物是战国时代的。新中国成立后，在湖南长沙左家公山、河南信阳长台关的战国楚墓中，各发现过一支竹制毛笔。左家公山的毛笔，杆很细，径 0.4 厘米，长 18.5 厘米，笔毛是上好的兔箭毛，毛长 2.5 厘米。笔的做法是：将笔杆的一端劈开，笔毛夹在中间，用细丝线缠住，外面再涂一层漆。毛笔出土时套在一节小竹管里。

秦代的制笔技术有了很大的改进，已不像战国毛笔那样将笔毛夹在劈开的笔杆一端用线缠住，而是将笔杆的一端镂空，将笔毛放在镂空的毛腔里用胶粘牢。套笔的竹管中部两侧镂孔，以便于取笔。1957 年，在湖北云梦睡虎地一座秦墓（据考证为秦始皇二十年，即公元前 217 年）内，出土了三支竹制毛笔，笔杆上端削尖，下端较粗，镂空成毛腔，毛长约 2.5 厘米。三支笔都套在中部两侧镂孔的竹管里，其中一支竹管的镂孔两端有骨箍加固。1957 年，在湖北江陵凤凰山西汉墓中，也出土了一支毛笔，其形制和秦笔相似。

1972 年，在甘肃武威磨咀子一座东汉中期墓中出土的一支毛笔，笔头的芯及锋用黑紫色的硬毛，外层覆以黄褐色较软的毛（可能是狼毫），根部留有墨迹，笔杆竹制，端直均匀，笔杆末端削成尖状，笔杆中部刻有隶书“白马作”三字，是制笔者的名字。在同地另一座东汉墓中，也出土一支毛笔，形制相同，笔杆上刻有“史虎作”三字，也是制笔者的名字。

秦汉时期的毛笔，笔杆末端为什么都削尖呢？这与历史记载中的“簪白笔”有关。所谓“簪白笔”，就是将未用过的毛笔插在发、冠上。汉代官员为奏事之便，常将毛笔杆的尖端插入头发里，以便随时取下使用。武威出土的汉笔，出土时在墓主人头部左侧，可能原来是簪在死者头发上的。山东沂南一座东汉墓的室壁上，刻有持笏祭祀者的人物图像，其冠上插有一支毛笔。这些都进一步证明了“簪白笔”的记载。由于秦笔的一端也为尖状，可能“簪白笔”的习惯在秦代就开始了。晋代以后，“簪白笔”不再流行，笔杆的一端也无须削尖，笔杆也较短些。

唐代是我国古代书法艺术的鼎盛时期，制笔技术也达到很高的水平。精良的毛笔为一代著名的书法

甘肃武威磨咀子49号墓出土的东汉毛笔

家提供了得心应手的工具，也为雕版前的写样提供了良好的条件。这时的毛笔，以安徽宣城所制的"宣笔"为最有名，其中的"鼠须笔""鸡距笔"等都因笔毫的坚挺而称为上品。不同风格的书法家对笔的性能要求也不同。柳公权对笔的要求是"圆如锥，捺如凿""锋齐腰强"。欧阳询用笔是以"狸毛为心，覆以秋兔毫"者为佳。杜甫认为，"书贵瘦硬方通神"，当然要选用笔毫坚挺的毛笔了。这说明，当时的制笔技术，已能达到多品种、多性能，适应不同风格书法对笔的要求了。

宋代以后，制笔工艺更为精良，笔的产地也遍及江南一带，而以浙江湖州所产的"湖笔"为最有名。一直到明清时期，这里都是全国制笔的中心。

3. 墨的发明和发展

在故宫博物院里，你可以看到许多我国古代大书法家和大画家的真迹。这些珍贵的书画艺术品，虽然珍藏了几百年，甚至有的已达上千年之久，但其墨迹仍然清晰醒目，光彩夺人。这不能不归功于我国传统优秀文化艺术品——墨的功效。

我国墨的历史非常悠久。与笔相较，墨不可能在笔之前，但也不可以说是很晚。因为用来书写的笔，只有蘸上有颜色的液体，才能起到记载事物的作用。不管人类最初用笔书写所使用的是什么，或者说不论它是什么颜色，它便是最早的"墨"。

从汉字"墨"的结构来看，最初的墨，也就是墨土，而且是天然形状，并未经过人工加工。根据考古发掘和一些研究表明，既然早在商代我国人民便把字写在竹木简上，那么至少说明那时已经有了墨。《左传》有"刑夷造墨"的记载，刑夷正好生活在周宣王时代。

传说在周朝的时候，也就是两千多年以前，有个叫刑夷的人，他擅长写诗绘画。可当时所说的"墨"都是一些植物燃烧后的灰土，加上当时没有纸，书写的材料不是竹简，便是木板，写上去的字用不了多久，便自行脱落。为此，刑夷很是苦恼，他一心想造出一种用起来方便，写出的字又比较耐久的墨来。

有一天，他在河里洗手，恰巧碰到水里漂来一块黑乎乎的东西，顺水捞起来一看，原来是一块尚未烧尽的松木炭，便又顺手丢进了河里。可是再一看自己那双刚刚洗干净的手，却都被染上了一道道黑颜色。他心里不由得一动：松炭既然能染色，可不可以用来写字呢？于是赶紧追到下游，重新把那块松木炭捞了起来。

回到家里，他便立刻忙碌起来。他把那块松木炭捣成粉末，忙得连饭也都忘了吃。妻子见他还在捣弄，就催着他说："看你忙得那个样，好像拾到了宝贝似的，快把饭吃了吧！"

一连催了几遍，刑夷好像刚刚清醒过来似的，他双手捧起一些黑粉末，"哗"地一下撒在妻子刚刚端来的那碗麦粥中，好端端一碗麦粥变成了黑糊糊。

妻子一旁半开玩笑地说："怎么啦，你疯了？"

刑夷"嘿嘿"地傻笑着说："不要紧，这东西我有用！"说罢，只见他拿着筷子，蘸了些黑糊糊在墙上划了几道，墙上留下了一道道深黑色的痕迹。刑夷喜不自胜。

从那以后，刑夷便常用这种黑糊糊写字作画。消息传开后，南北村的一些文人纷纷前来观看，无不称好。有的向他索要一些样品，有的干脆效仿着试做起来。这便是我国最原始的墨汁。

这种黑糊糊状的"墨汁"能够写字，而且所写字迹比较耐久，但携带和保存很不方便。刑夷和他的妻子又经过长时间琢磨，想了种种办法，最后终于解决了这个问题。他们做了一些长、圆不同的模子，然后把黑糊糊状的墨汁倒进去，放在太阳下晒干。几天之后，那黑糊糊便成了各式各样的小块。写字的时候，只要用它蘸点水，在陶瓷或瓦块上磨一磨，便成了浓淡均匀的墨汁。

后来，这种方法在民间很快传开了。由墨汁变成墨丸或墨块，这是一个不小的进步。这在我们现代人看来，几乎是轻而易举的事，但在几千年前，却需要付出很大的努力。可见，我们人类文明的步伐，每前进一步，都要付出艰辛的汗水。

大约在秦及秦以后的一段时期，人们逐渐掌握了人工如何制造墨的技术。但即便如此，那时也是人工墨和天然墨并用。从生产的角度讲，造墨技术和手段比较落后、原始，不可能大量生产；从需求角度来看，由于那时还没有用于书写的纸，所以没有广泛增长的社会需求。

　　到了东汉，人们开始频繁用纸书写，墨的需求量增大，墨的工艺也有了很大的改进，并已制成墨锭，也就是小丸，犹如现在的煤球，并可以直接在砚台上磨成墨汁了。三国时期，有个书法家叫韦诞，字仲将，他总结前人造墨的经验，制造出一种非常好的墨，被人们称誉为"仲将之墨，一点如漆"。可以想象得出，用"韦诞墨"写出来的字，一定是又黑又亮。韦诞造的墨为什么会这么好呢？据一些史书记载，他的墨是用漆烟和松烟掺和而制成的。漆，是生漆；松，即松树。所谓烟，指生漆或松树燃烧时所冒出的烟，在经过其他物体时所附着的烟炱。现存最早的名家法帖——晋代陆机所写的《平复帖》，至今看上去墨色仍然鲜黑，便可以看出当时墨的质量了。

　　唐宋两代，书画艺术空前发展，促使制墨业进一步发展，甚至一些书画艺术家也亲自研究制墨，例如著名篆刻艺术家李阳冰就曾研制出比较好的墨。当时涌现出不少制墨的名工高手，如徽墨的创始人李廷珪父子，便是其中最著名的工匠之一。由于当时制墨业发达，能生产出为许多书画家所酷爱的名贵墨品，以至于一些文人留下了许多嗜墨如命或酣饮墨汁的佳话。以写《滕王阁序》名垂千古的唐初文学家王勃，每当写作文章前，用不着如何精心构思，只要家人先磨上好墨汁数碗，然后一口气喝下去，用被蒙头大睡之后，就能写出妙笔生花的锦绣文章来。宋代的司马光身为当朝宰相，平生除著书立说外，唯嗜好收藏名墨。据史书记载，他收藏的名墨有几百块之多。

　　明清时期，墨的制造工艺越趋精湛，品种更加繁多。全国著名的墨店就几十家。最出名的有明代的方子鲁墨店、清代的曹素功墨店和一得阁墨庄。曹素功本名曹圣臣，号素功，安徽歙县岩寺镇人，清顺治十三年（1656 年）中秀才，康熙六年（1667 年）授布政使司。因一时没有实职，回乡从事制墨经营。由于工艺精良，经营得当，很快成为清代四大制墨名家，并雄居榜首。曹素功死后，其子孙继承此业，连绵不断，于是愈加蜚声中外。时至今日，上海墨厂的徽墨生产工艺，便是 1864 年由曹素功的后人迁居上海时传下来的。至于今人仍普遍使用的"一得阁"墨汁，关于它的来历，还有一段传说故事哩！

　　清朝同治年间，南方有个名叫谢松岱的穷书生进京赶考，但没有考中。正在心灰意冷之际，忽然灵机一动，那么大的一个考场，一派研墨之声，白白浪费了举子们的许多珍贵时间，要是有现成的墨汁出售，一可以方便举子们，二又可以赚钱。后来，他受此启发，还真的在北京琉璃厂一带开了一家

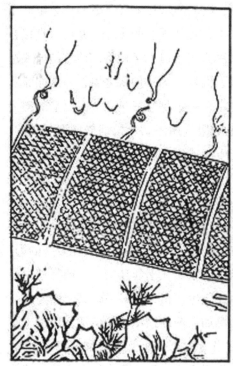

松烟制墨法（明代沈继孙《墨法集要》）

专营墨汁的店铺。现在的一得阁墨庄，便是当年他门下的弟子徐洁滨开办，而一直延续到今的。

以上我们所说的墨，只是狭义墨，就是说都是水溶性质的，其原料基本上是灰土，主要靠水溶解，它仅仅适用于书写、雕版印刷和木活字印刷。

到了 15 世纪中叶，我国人民发明的活字印刷术传到了西方。之后，伴随金属活字印刷术的问世，水溶性墨很快被改进为油墨，并在印刷业独占鳌头，从此印刷与书写用墨分道扬镳了。因为水溶性墨刷在金属版面上，会形成很不均匀的水珠，使字迹混淆不清，而油墨的发现和制造，则是受到了油画艺术把颜料混合在快干油中的做法的启发。

三、发明印刷术的技术条件

我们知道，一种工艺技术的发明，需要具备一定的客观物质条件和技术准备过程，印刷术的发明和发展过程也不例外，它不仅需要一定的客观物质条件，如笔、纸和墨等，而且需要有一个较长时期的技术发展过程。印章、石刻和拓印技术是印刷术的前身，是促成印刷术发明的重要技术条件。

我国的雕刻技术历史悠久，从甲骨文刻字，到雕刻在青铜器上的花纹和文字，再到刻石刻印，我国古代的能工巧匠们为我们留下了极为丰富的雕刻文物。从安阳、郑州、洛阳等地的商周遗址中，都发现了玉工、骨工、石工、冶铸等作坊的遗址，而且规模都不算小，可见当时雕刻工艺已经相当发达。将石碑及其他石刻文字，用纸、墨捶印出来，以便保存和传播的工艺方法，就是拓印。大多数学者认为拓石刷印是雕版印刷术发明的直接渊源，也就是说雕版印刷术来源于拓印，拓印为雕版印刷开拓了道路。另外，从最近出土的印纹陶器来看，我们的祖先早在四五千年以前，就懂得了压印的方法。远在战国时代，我国就有了印章。而一次次把印盖在纸上，得到许多盖有同样印章的纸，这实际上就是一种复制技术。

1. 印章对印刷术发明的影响

现在人们把印刷品称为复制品，印刷术实际上是一种把文字或图画进行复制的技术。这种复制技术不是一下子发明出来的，而是从盖印和拓石这些早期复制技术长期演变过来的。所以要介绍印刷术发明史，首先得从印章谈起。

印现在一般叫作印章，也叫作戳子。印章的用途就是通过盖印，把印章上的字印在纸上，证明这个盖有印章的文件代表印章上名字的人的意见。而一次次把印盖在纸上，得到许多盖有同样印章的纸，这实际上就是一种复制技术。

印章的起源是很早的。早在商代已有印章。我国现存最早的史书《尚书》就有"汤以印与伊尹"的记载。20世纪初又从殷墟出土三方商代印章（商玺），从而肯定商代已有印章。战国时，印章的应用已比较广泛。《战国策》和《史记》都不止一次提到战国时的印章，例如苏秦佩六国相印，赵国的虞卿为救魏齐而弃相印逃亡，还有魏王把"上将军印授信陵君"，这些都说明当时将相有印已经是一种制度。当然，这

汉代印章

些印章都是官印，正像《说文解字》对印章的解释那样："执政者所持信也。"也就是说，印章是执政者（帝王或官吏）手里拿着用来证明他的职权和身份的。

早期的印章是通过盖在封泥上，以封泥上出现的字迹作为凭证的。为了使封泥上出现的字是正字，所以印章上的字都刻成反字，让反字压在封泥上，使封泥上出现正字。《说文解字》对此也做了很好的说明，它把"印"（小篆）字横过来的字释作"按也，从反印"。这说明印章是通过盖印把反字印成正字起作用的。

印章上的文字，有凹有凸，按在封泥上有两种结果。凹字印章，按在封泥上的文字是凸的；凸字印章按在封泥上出现的字是凹的。前者叫阳文，后者叫阴文（阴文和阳文是按封泥上出现的文字来说的，不是按印章上文字的凹凸来说的）。纸广泛应用之后，印章又蘸上朱砂按在纸上，凹字印章在纸上出现了白色文字，凸字印章在纸上出现了朱红色文字，所以又有了白文和朱文的说法。凸字印章，也就是按朱文的印，这与后来的印刷技术应用有着密切的关系。

通常来说，印章只有几个字，最多的有十几个字，复制的字数不多。可是，春秋时用木戳上反文压在陶坯上，所烧成的陶器的铭文，字数要多得多。像甘肃出土的"秦公毁陶器"（"毁"即簋，相当于现在的大碗，盛饭用。一般为圆腹、侈口、圈足、有二耳），考古学者确定为秦穆公（公元前654—公元前621年在位）时的文物，铭文共有100字。当然，现在还不知道这种"秦公毁陶器"是仅造了一个，还是同时造了几个。如果仅造一个，那反字木戳只压一次，还谈不上复制作用。可是到秦始皇统一全国后，为了统一全国度量衡，用刻有反字的木戳压在陶器的坯子上，烧成印有40个字诏书的陶器。这种陶器是作为标准量器发到全国各地的，显然有好多个，这种用一个木戳一次又一次打在很多陶坯上，烧成很多陶器，这实际是一个复制过程，这已经复制相当多的文字了。到了晋代，印章也突破只有几个字的传统形式，刻了更多的字，像东晋葛洪就在一个木戳上刻上120个字，这实际上是一篇短文了。印章由几个字的复制发展到100多字的短文复制，这是向印刷术前进了一步。

2. 石刻技术对印刷术发明的影响

盖印是把印章蘸上印泥按在纸上，而印刷是在刻有文字的木板上敷一层墨，再把纸压在上面。现在看起来，盖印是印章压在纸上面，而印刷是纸压在雕版上面。盖印的过程倒过来就是雕版印刷。似乎人们可以从盖印一下子想到印刷，可是事实上没有这样简单，印刷术是在拓印这一复制技术出现后再结合石刻技术和盖印技术形成的。

拓印是将刻在石头上的文字或图画进行复制的方法，它是石刻发展到一定阶段的产物。要了解拓石是怎样形成的，得先从石刻谈起。

刻石的程序是先选妥石料，整好形后，把石面磨平，在石面上涂上一层黑色和打上一层薄薄的蜡，再在黑色底子上用朱砂写字，最后用凿子将红色的字凿去。由于石料一般都是白色，凿去红色的字就呈白色，而字的周围都是黑色。黑白相映，反差分明，便于检查凿刻的质量。如果在凿字后仍看到朱红痕迹，说明还有该刻而未刻的地方，要再凿去红色痕迹。石刻工艺对于后来雕版印刷的雕版工艺有重大影响。雕版工艺是选好木料，锯成木板、磨平，再将写好字的纸贴在木板上进行雕刻，显然是在石刻工艺的基础上发展起来的。

石刻与印章不同，印章一般只刻上几个字，而石刻和竹帛一样是用来记事的，字数比印章多好多倍，刻字的面积也大得多。还有，印章上的都是反字，通过盖在封泥上才出现正字，而石碑上刻的字是直接给人看的，所以刻的都是正字。

石刻的起源是很早的，世界各民族的开化阶段都有刻石记事的历史，我国当然也不例外。根据发掘出的文物来看，新石器时代的个别石器就刻有简单的文字符号，商代就开始有刻有文字的石刻。到春秋战国时，刻石已经比较普遍。《墨子》就提出"著于竹帛，镂于金石"，这里石刻与竹帛并称，可见已较广泛。从现存秦国石鼓和赵国石简也可看出战国时石刻技术的水平。现存的10个石鼓，据考古工作者判定，它是公元前7世纪至公元前6世纪秦国的遗物，鼓上用秦篆刻了一篇歌颂狩猎的四言诗。这些石鼓最早是唐初在陕西天兴县（今凤翔）发现的，大文豪韩愈还特地写了篇《石鼓歌》。现存赵国石简是"盟书"石简，这是记载公元前386年赵敬侯把赵武公的儿子赵朝和他的党羽打败并驱逐出境的故事。在长26~28厘米、宽3~4厘米的石面上刻有220多字，而且镌刻工整，说明雕刻技术已有一定的水平。

不过石刻技术取得较大进展是秦汉以后的事。秦始皇统一中国后，五次出巡，就有七次刻石纪功。每次铭文都比较长，铭文最长的超过300字，刻工也较前精细，铭文是李斯亲自用小篆写的，石刻基本上保持原来的面貌。因此，一直受到历代的重视，可惜留传到现在，仅有《泰山刻石》《琅邪刻石》，其余都已散佚，只有拓本流传下来。

自从秦始皇刻石纪功后，汉也继承了这个风气，不过用在墓碑方面。在墓前立碑，请人写一篇赞美死者的文章刻在墓碑上。这种文章叫作墓志铭，这个风气一直延续到清代。

再一次大规模刻石是在东汉末年。汉灵帝熹平四年（175年），蔡邕建议确立儒家经典的标准文本，解决两汉经学师承不一致的矛盾，由他亲自书写，刻工陈兴等雕刻。用了9年的时间，刻成了七经，即《易经》《书经》《诗经》《仪礼》《春秋》《公羊传》《论语》立在洛阳太学门前，共有碑40块，高约3.3米，宽约1.3米，这就是有名的《熹平石经》。据记载，石经建立后，到这里

《熹平石经》

来摹写的人，所乘车马堵塞了街巷，真是轰动了全国，成为中国经学史上一件大事。此后齐王正始二年（241年）由嵇康等用古文、篆、隶三种字体写了两部半经典（即《尚书》《春秋》和《左传》的一半）。这部石经叫作《正始石经》，由于用三种字体写的，所以又叫作《三体石经》。它与《熹平石经》不同，用的是古文，所以对经学和文字学都有一定的影响。

3. 拓印技术对印刷术发明的影响

刻石是为了永久保存，前面提到的石鼓、石简、秦始皇的刻石以及汉墓石碑都是为了这个目的。可是石经就不一样了，它除了永久保存的目的外，还有为广大读书人提供标准文本的作用。石经成为"必读之书"，所以很多人跑到石经那里去抄写。由于经文相当长，抄写一份要花很多时间，非常不方便。另外，从东汉中后期开始，由于纸张的广泛应用，书法艺术愈来愈受到重视。有名的书法家辈出，如蔡邕、卫夫人、张芝，都是著名的书法家。人们为了学书，当然要临摹名家的字体。名家的真迹不易到手，只有临摹名家写的碑文，可是要经常跑到石碑那里去临摹，也显然太麻烦了。客观上的需要迫使人们考虑采取新的办法。

人们很可能从印章中得到启发，印章往纸上一按，就得到印章上的文字，自然而然想到是不是可以用同样的方法把石碑上的文字印下来。当然，完全仿照盖印的方式是不行的，因为把墨涂在石碑上，再铺纸压印，由于石碑的字是正字，则印出来的字只能是反字。因此这种模仿还要经过小小的变化，即要先在石面上铺纸，再在纸上涂墨，才能得到石碑的复制品。具体的办法是把纸适当润湿之后，平铺在石面上，让纸面与石面完全吻合，没有一点空隙，用鬃刷刷平纸面；然后用榔头垫毯轻捶纸面，使纸微微凹入字缝，再用棉花做的扑子蘸墨轻轻

拓印示意的图片

地捶拓纸面；最后，将纸面揭下来，就复制成一幅黑底白字的拓片。这样既解决了石刻携带收藏不便的问题，也解决了抄写临摹的麻烦，而且不会产生错讹谬误，大大便利了文化的传播。这种复制技术大约在 4 世纪就已出现了。

现存最古老的拓印古本为 6 世纪之物。《隋书·经籍志》记载，当时的政府藏书中，就有拓印的书卷，其中包括秦始皇东巡会稽的石刻文拓印本 1 卷、《熹平石经》残文 34 卷、曹魏《三体石经》34 卷，而其中有些是"相承传拓之本"。可见，拓印石刻的技术在隋代已很发达，而在此之前早已出现了这种技术。到了唐代，拓印石刻的技术更为发展。除了民间的拓印外，政府还成立了专门的拓印机构。据《唐六典》中《门下省》所载，唐贞观二十二年（648 年）于弘文馆置拓书手三人。《唐书》记载，开元六年（718 年）集贤殿书院有六人专门从事拓印工作，并且还有从事制墨、制笔、装裱等专业的工匠。

拓印提供了大面积复印的办法，比只刻几个字的印章盖印的复印方法前进了一步。当然拓印也有不及印章的地方，凸文印章蘸上印泥时，只有凸文接触印泥，盖在纸上，出现白底红字，文体非常清晰，而拓印由于石刻文字是正文，只能用纸铺在石面上上墨复制。又因为石刻文字是凹下的，所以拓片只能是黑底白字，如果字体较小，就不够清楚。怎样使石刻的复制品具有印章盖印的效果呢？看起来只有石刻也是反文凸字，参考印章盖印的方法，

先施墨后铺纸进行复印才有可能实现。到了南北朝，终于出现石刻向反文凸字转变的迹象。北魏太和二十二年（498年）洛阳老君洞始平公造像石刻就是凸字。北齐武平九年（578年）马天祥等造像碑也用凸字。梁萧景墓神道石柱上又刻了反文。虽然现在还没有发现反文凸字的石刻，但这种趋向是很明显的。这一情况说明拓印与盖印逐步结合向新的复印技术——印刷术过渡。

拓印最初主要用于拓印石刻文字，后来发展到拓印甲骨文、青铜器铭文及图形以及刻、铸于各种材料、器物上的文字、图形。古代的拓印工作，使不少早已失传的石刻实物，得以以拓件的形式流传下来。一直到今天，拓印技术仍在使用着。

这里还要提及的是一种早期的孔版漏印技术。它是用针将所要复制的图形，先在厚纸板上刺出孔眼，再把这个孔版和承印物（纸或丝织品）重合，使墨或其他颜料从孔中漏下，呈现在承印物上。这种方法在早期可能主要用于在丝织品上印花，是现代孔版印刷的原始形态。这种复制的方式，也表现了在印刷术发明前人们对复制技术的追求。

4. 雕版对印刷术发明的启发

一般来说，雕版印刷是印章的反文凸字和拓石的铺纸拓印两种技术相结合的产物。可是，由于印章只有少数几个字，得到的印刷品也只有几个字，显然不能用这个方法复制长篇文章，更不要说书籍了。石碑的面积又太大，即使改用反文凸字，不用拓印而用铺纸印刷，但印出的复制品面积太大，不便阅读；而且石质太硬，在石碑上刻字，要用斧凿，既费力，又花时间，所以二者机械的结合，还不能产生印刷术。

我们认为雕版印刷的发明还可以从唐代大诗人杜甫的诗句中找到一点线索。杜甫在大历二年（767年）曾经写下"峄山之碑野火焚,枣木传刻肥失真"的诗句。峄山碑的碑文是秦代根据李斯写的小篆刻的。它的拓本作为临摹的法帖，一直为历代书法家所重视。从这两句诗可以看出峄山碑久已毁坏，在拓本日渐稀少的情况下，不得不用木质坚硬的枣木进行翻刻，再把它拓出来作为法帖。到了杜甫时，由于一次又一次的辗转翻刻（传刻），字已肥胖得

峄山刻石拓片（秦代根据李斯写的小篆镌刻）

失真了。在木板上刻字，由于木质不像石头那样坚硬，用不着斧凿，只要用刀刻就行了，这比刻石要省力得多。至于翻刻木板的形制，诗中虽然没有交代，但翻刻是为了拓出拓片让人临摹，而从石碑拓出的拓片，为了便于人们临摹，总是裁成一定的大小，翻刻的木板当然不必像石碑那样大的面积，而是像拓片裁成的大小了。

用刻刀在一定大小的木板上镌刻碑文，显然是向雕版印刷又前进了一大步。虽然开始雕版时肯定仍按刻石拓片的办法，在木板上刻正文凹字，进行拓片，不过拓片上的字是阴文，不及阳文清晰。在长期雕版拓片过程中，人们很可能想到采用刻印盖印的办法，将写字的纸反贴在木板上镌刻反文凸字，将木板压在纸上印出阳文，后来由木板压在纸上改为将纸铺在木板上，这样就产生了印刷术。也许有人认为杜甫写诗时在 767 年，那时雕版印刷早已发明，不存在雕版印刷的发明是受到木板上翻刻碑文的启发的问题。事实上峄山碑久已毁坏，保存下的拓片早已不多，人们早就用枣木翻刻。杜甫看到的已是多次翻刻的拓本，正因为多次翻刻，才使碑文肥胖得失真。开始翻刻时肯定比杜甫写诗的时间早得多。所以雕版印刷受到翻刻碑文的启发是完全可能的，只是我们没有看到杜甫之前翻刻碑文的文献罢了。

第二编　雕版印刷术的发明和发展

　　自唐代发明了雕版印刷术之后，一直到清代晚期的1000多年里，我国主要是使用雕版印刷术印刷图书。虽然到北宋时就发明了活字印刷术，但在很长一段时间里，其使用并不广泛，发展也比较慢，绝大多数的图书仍然依靠雕版印刷术来印造。因此，雕版印刷术和雕版印书业得到了迅猛发展。到了宋代，雕版印刷术已经成熟，雕版印书业一步步走向了兴盛发达。直到鸦片战争以后，在我国活字印刷术基础上发展起来的西方铅印、石印技术传入，才逐渐取代了雕版印刷术，雕版印书业才走向衰落。

一、雕版印刷术的发明

雕版印刷术是用木板雕刻文字图画，把墨刷在文字或图画上面，再铺上纸张进行印刷的复制技术。雕版印刷术是世界上最早出现的印刷技术，在我国使用了 1000 多年。我国历史上的大量书籍就是靠这种印刷方法得以流传和传播的。雕版印刷术的发明为人类文化的传播打开新的一页，所以它的发明一直受到人们的重视。

1. 文物盗窃犯的发现

中华文明源远流长，我国光彩夺目的古代文化艺术，使不少国外的文物盗贼垂涎欲滴，为此，他们千方百计地谋取利益。

甘肃敦煌的莫高窟，是我国民族艺术遗产的宝库，也是世界艺术宝库的一颗明珠。19 世纪末，王道士做了这里的当家道士，他很会经营，为了招揽施主，按着当道士时学来的一套本事，别出心裁地把莫高窟这个佛窟改成了灵官庙，一个红胡子的王灵官塑像在莫高窟中立了起来。

1900 年 5 月 26 日的早晨，王道士在清理石窟中的积沙时，发现一段墙上有裂缝，王道士无意地用旱烟袋在裂缝附近敲了几下，只听墙壁发出一阵"咚咚"的声音。

"空的！"

王道士惊奇地挖了一个洞，发现里面有一个小门，开门进去一看，门里堆满了无数的文物。王道士不知道这些东西有什么用途，更不知道有什么价值，于是他随手取了几卷经卷请县太爷鉴定。县太爷倒是稍微内行，趁机又勒索了一些经卷和写本，并用这些东西向他的上司奉迎献礼，于是一小部分文物流到了北京。

当时有人建议，由政府把这批文物运到省城保管。但是，政府研究后认为要用五六千两白银的运费，因运费问题无法解决，于是下了一道命令："照旧封存，妥为保管。"

几年后，敦煌石窟的秘密，已不是个新闻，人们几乎忘记了。

英国的文化特务斯坦因，一次在酒馆中遇见了一个土耳其商人，从他口中获得了敦煌藏经的信息。

1907年3月的一天，当夕阳西下的时候，斯坦因骑着驴溜进了莫高窟王道士的屋子里，不久便走了。5月中旬，在莫高窟大办农历四月十八日的庙会时，斯坦因又来了。5月21日，斯坦因又来了，但是王道士没在家。5月末的一天，又是夕阳西下的时候，斯坦因又偷偷地来到了王道士的屋子里。

四次来敦煌的斯坦因，既是一个道貌岸然的"学者"，又是一个"虔诚的佛教徒"，同时，在王道士的眼里又是一个"慷慨的施主"。

"您好啊，王道长，我十分荣幸地又见到了您！"

甘肃敦煌莫高窟

深夜的烛光下，斯坦因向王道士大讲"佛法无边"。根本不懂什么是佛法的王道士，心不在焉地听着。接着斯坦因又吹嘘他的考古经历，王道士还是心不在焉地听着，在偶尔插上的几句奉承话中，也吹吹他的见解，以表示他也有学问。

"我也藏了点佛经……"

斯坦因看到时机已经成熟，便欲取先予，从皮包里拿出一大块白银，神色诡秘地说道："我斯坦因一生好佛，如能一览道长所藏，真是……"

王道士一见亮光光的白银，便慷慨答应。

小门开后，昏暗的灯光映着成捆成堆的文物，斯坦因终于见到了自己梦寐以求的宝贝。洗手、漱口、顶礼膜拜之后，一件一件看了起来。斯坦因恨不得一口吞下这些珍宝，可怎么才能从王道士手中弄过来呢？斯坦因深知这个愚蠢的王道士，只要白银加码，多多给钱，一切都会顺着自己的。

夜更深了。

一阵密谈之后，一大批白银进了王道士的箱子，29箱文物回敬了"洋大人"。昏暗的早晨，毛驴驮着文物，匆匆离开了敦煌。

1914年，贪得无厌的斯坦因第五次来到敦煌。王道士为了发"洋"财，斯坦因为了发"文物"财，于是一堆白银又换走了5箱文物。

越干胆子越大，1930年，斯坦因还想再大干一次。这次可不顺利，中国人民的吼声，学术界的抗议，吓得斯坦因夹着尾巴仓皇地溜走了。

在斯坦因来中国的同时，法国的伯希和、日本的大谷光瑞、美国的华尔纳接踵而来，大肆盗窃敦煌文物。

就这样，敦煌莫高窟所出的2万件古卷轴中，被他们偷走的就有1万多卷，除部分遗失和流入私人手中之外，仅剩8000多卷，今天收藏在北京图书馆中。

在这些文物中，我们最不能忘记的是《金刚经》，这是目前世界上标有确切印刷日期的最早的印刷品实物。这件印经是用7张纸粘连成一长卷的，全长十六尺，高一尺。其前为一幅内容是释迦牟尼在祇树给孤独园向长老说法的图画，题为《祇树给孤独园》，构图和谐，线条流畅，镂刻精美，是一幅雕版和印造技术比较成熟的作品。图后为《金刚经》全文。卷末题有"咸通九年四月十五日王玠为二亲敬造普施"字样，唐咸通九年即868年，距离今天已经有1100多年了。

整个印品，刀法纯熟，墨色均匀，印刷清晰。这一杰作，绝不是印刷术

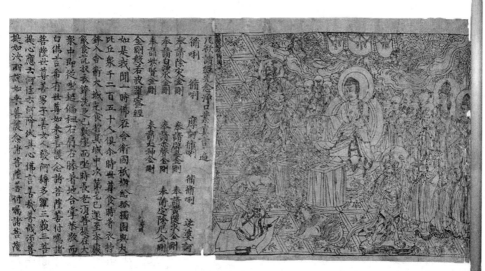

20世纪初发现于敦煌石室的《金刚经》（唐咸通九年刻本）

发明初期的产物。它说明，9世纪中期以前，雕版印刷术早已发明，而到9世纪中期，雕版印刷术已经发展得比较成熟了。

这一珍贵文物于1907年被英国人斯坦因盗走，现存英国伦敦大不列颠博物馆。

2. 文献记载中的唐代雕版印刷术

雕版印刷术发明于何时？学术界曾有过多种说法，归纳起来大致有七种，即汉代说、东晋说、六朝说、隋代说、唐代说、五代说和北宋说。其中汉、晋、六朝三说，时间过早，证据不足，目前来看难于成立。隋代说也因系误解文献而信者不多。五代和北宋说则早已被发现的唐代雕版印刷品实物所推翻。目前，只有唐代发明说，既有文献记载做书证，又有印刷品为物证。所以，基本可以认定，雕版印刷术是唐代发明的。

据文献记载分析，唐初就已经发明了雕版印刷术。

明代史学家邵经邦《弘简录》卷四十六载："太宗后长孙氏，洛阳人。……遂崩，年三十六。上为之恸。及官司上其所撰《女则》十篇，采古妇人善事……帝揽而嘉叹，以后此书足垂后代，令梓行之。"梓行，就是刻版印行。此事

《弘简录》（明代邵经邦撰）

发生于唐贞观十年（636 年）。唐末冯贽《云仙散录》卷五引《僧园逸录》说："玄奘以回锋纸印普贤像，施于四方，每岁五驮无余。"据考，玄奘于贞观十九年（645 年）由印度取经归来，麟德元年（664 年）圆寂，所以其雕印普贤像当在 645 年至 664 年之间。这两条文献记述的印刷事件发生于 7 世纪 30 年代至 60 年代，正是唐代初期。这说明唐初已有了雕版印刷技术。

对于上述文献记载，学术界尚有疑惑。有人认为《弘简录》是明代人的著作，不足以说明唐代的问题。至于《云仙散录》，则因有说法认为系宋代王铚的伪作，所以也不足为证。因此，这两条书证似乎不能算作是确证，但又难以完全予以否认，因为不管是明人著作还是宋人伪作，都不能排除其写作之时有我们今天看不到的文献或其他依据。

9 世纪到 10 世纪，即到了唐中后期，雕版印刷术已经发展得较成熟了，使用也开始多起来了。这一时期关于雕版印刷的记载就比较多见了。例如，唐长庆四年（824 年），诗人元稹为白居易《长庆集》作序说："《白氏长庆集》者，太原人白居易之所作……然而二十年间禁省观寺邮侯墙壁之上无不书，王公妾妇牛童马走之口无不道。至于缮写模勒，烨卖于市井，或持之以交酒茗者，处处皆是。"元氏还作注说："杨、越间多作书模勒乐天及余杂诗，卖于市肆之中也。"清代学者赵翼认为，"模勒"即雕版印刷，后世学者也多同意此说。从元稹口气看，到唐中期长庆年间，雕版印书已经兴盛。

《旧唐书·文宗本纪》记载，大和九年（835 年）十二月，"丁丑，敕诸道府不得私置历日板"。这说明唐中期民间已采用雕版印刷日历，所以政府才下令禁止。

唐司空图《司空表圣集》卷九有《为东都敬爱寺讲律僧惠确化募雕刻律疏》一文，题下注有"印本共八百纸"文字。"印本"，显然是用雕版印刷的。文中所说的，是指唐武宗会昌五年（845年）因禁佛而烧毁大量佛经印本，现在要募款"雕镂"的事。此文写于咸通末至乾符六年之间，即873年至879年间。由此可见，9世纪时佛教经典已大量雕版印行了。

范摅《云溪友议》卷十一有："纥干尚书泉苦求龙虎之丹十五余稔。及镇江右，乃大延方术之士，乃作《刘弘传》，雕印数千本，以寄中朝及四海精心烧炼者。"据考，纥干泉于大中元年至三年（847—849年）任江南西道观察使，他把道家修炼之书雕印送人也在此时。可知，9世纪中期道家著作也已雕版流传了。

唐人柳玭在其《家训序》中写道："中和三年（883年）癸卯夏，銮舆在蜀之三年也，余为中书舍人。旬休，阅书于重城之东南。其书多阴阳杂记占梦相宅九宫五纬之流，又有字书小学，率雕版印纸，浸染不可尽晓。"柳玭是随唐僖宗逃去成都的。从他的记述中可以看出，当时蜀中民间雕版印刷业已十分发达。

除以上唐人著作所记以外，宋代也有关于唐代雕版印刷情况的记载。例如，北宋王谠笔记《唐语林》写道："僖宗入蜀，太史历本不及江东，而市有印货者，每差互朔晦。货者各征节候，因争执。"这里所记四川因民间印售的日历节气不一样而发生争执的事，与上述柳玭所述系同时、同地的雕印情况。又如，朱翌《猗觉寮杂记》卷下说："雕版文字，唐以前无之。唐末益州始有墨板。"宋代著名藏书家叶梦得、科学家沈括、文学家欧阳修等人，也都有关于唐代使用雕版印刷术的文字记述。

据宋《册府元龟》卷一百六十《帝王部〈革弊第二〉》记载，唐文宗时东川节度使冯宿曾奏请禁止印卖历书。他在奏章中说："剑南两川及淮南道，皆以版印历日鬻于市，每岁司天台未奏颁下新历，其印历已满天下，有乖敬授之道。"文宗接受了冯宿的建议，"敕诸道府，不得私置历日版"。

3.雕印品实物提供有力的物证

从文物实证的角度来考察，现在可以见到的最早的印刷品也出于唐代。1966年10月18日,在韩国南部庆州佛国寺释迦塔内发现汉字印刷的《无垢净光大陀罗尼经》。印品上虽无日期，但学者据其使用了武则天创用的"制字"及该寺完工于751年等史实考证，认定它是在武后长安四年（704年）至天宝十年（751年）间雕印的。美国学者富路特在《关于一件新发现的最早印刷品的初步报告》中说："这一切，仍然说明中国是最早发明印刷术的国家，印刷术是从那里传播到四面八方的。"这件印刷品与在我国发现的咸通九年（868年）雕印的《金刚经》的雕版和印刷方法完全一样，但却比它至少早了120年。专家们认为，这是件印刷技术接近成熟时期的产品，说明雕版印刷术初始阶段的时间还应提前，至少是在唐初就有了雕印技术了。

此外，日本研究中国版本目录学的著名学者长泽规矩也说，日本藏有我国吐鲁番出土的《妙法莲花经》，文中也有武则天创用的"制字"，说明其为武则天时期的雕版印刷品。这也是一件印刷技术比较成熟时期的印刷品，它也说明雕版印刷技术在7世纪初，即唐初就已经诞生了。

事实上，印刷术发明之后到见之于文献记载之间又要有一段时间，也就是说，待到文献记载此事时，其技术早已发明应用多时了。再者，纸印刷品很难保存，不要说初期的少量印品很难令人见到，就是唐末、五代时的雕印品能见于今日者也是凤毛麟角。基于此，尤其是有上述文献和实物为证，把雕版印刷术发明的时间定于唐初，是不成问题的。

唐乾符四年（877年）历书，是现存最早的刻本历书。书中除记有节气、大小月及日期外，还间记阴阳、五行、吉凶、禁忌等情况，与宋、元、明、清的历书内容相类似。现存残本唐中和二年（882年）历书，残页上印有"剑

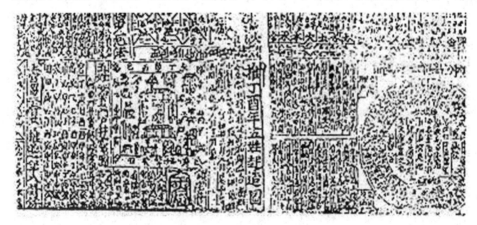

现存最早的唐乾符四年（877年）印本历书

南西川成都府樊赏家历"字样。这与前述柳玭《家训序》和王谠《唐语林》中记载的为同一时期四川的雕印实物。

从上述文献记载和雕版印刷品实物来看，到 9 世纪中期，也即唐代晚期，雕版印刷术已经发展得较为成熟了。这不仅进一步证明了唐中期以前，即唐代初期就发明了印刷术，而且说明印刷术最早诞生于民间，是劳动人民最先发明和使用的。因为即使到了唐中叶以后，不论是见于文献记载，还是发现的实物，不论是"鬻卖于市井""持之以交酒茗"的白居易的诗本，柳玭所读到的"阴阳杂记占梦相宅"一类杂书，还是"为二亲敬造普施"的《金刚经》及乾符年间的日历，都是民间刻印和使用的书籍，而不见官方刻印的正史著作。这也说明雕版印刷术最早是兴起于民间的，是劳动人民首先发明了印刷术。

然而，要确切地认定雕版印刷术发明于某年，事实上是很困难的。这首先是因为印刷术同造纸技术一样，是一项非常复杂的技术，只能是逐渐地由石刻和捶拓等复制技术一步步演进而成的，需要一个漫长的发展过程，不可能在某一天里突然出现，因此，也就很难找出一个截然明确的时限。其次，雕版印刷术最初是由最接近生活、生产实践的劳动人民发明的，并首先在民间局部地区小范围使用，然后才逐渐推广、发展起来的。只有它的使用有了相当规模和影响时，才有可能被载于文献，因为那时候的文化、文献是被上层社会所把持的。所以，仅仅根据现在能见到的文献记载的时间去断定雕版印刷术的发明时间，肯定是要落后于实际的。因此，后人也就只能在文献记载和实物印证相结合的基础上，分析、推断出雕版印刷术发明的大致时间。

正是基于这样的原因，人们得出了结论：雕版印刷术发明于唐初，较成熟于唐中叶，大规模使用始于唐末和五代。

二、雕版印刷的技术与工艺

雕版印刷的技术与工艺在历史文献中几乎是一个空白。在少数的文献资料中，多为片言只语地记述一些印书的名称，印刷的时间和地点，以及印刷出版者的姓名、堂号，而对印刷的技术及工艺很少谈及。这种情况不能不为我们研究古代，特别是雕版印刷术发明初期的技术和工艺，带来很大的困难。所以，我们只能依据现有的资料，并参照荣宝斋、杨柳青、朵云轩等现代木刻版印刷单位的技术情况，对雕版印刷的技术及工艺做简要介绍。

1. 雕版所用的材料

将文字、图像雕刻在平整的木板上，再在版面上刷墨，覆上纸张，用干净刷子轻轻刷过，使印版上的图文清晰地转印到纸张上，这就是雕版印刷术。

关于雕版的名称，在古代的有关文献上有各种不同的称谓，常见的有镂版、刻版、刊版、墨版、椠版、梓版等。其中"椠"是沿用了古代片牍的名称，"梓"则是因梓木为雕版的重要材料而得名。雕版印刷有时也称为"付椠""付梓"或"梓行""刊行"等。关于版字，在古代的有关出版、印刷的文献中，往往是"版""板"通用，而用得较多的则是"板"字。宋代叶梦得在《石林燕语》一书中，最早使用"版本"一词。《宋会要辑稿》中有"既已刻版，刊改殊少"，使用的也是"版"字。到了清代，在出版、印刷的著作中，才普遍使用"版"字。在本书中，除了引用原文时使用"板"字外，凡谈到"印版"时都使用"版"字。

雕版所用的材料，必须选用纹理细密、质地均匀、加工容易、资源较广的木材。在文献记载中，雕版所用的木材，有梨木、枣木、梓木、楠木、黄杨木、银杏木、皂荚木以及其他的果树木等。为了就地取材，北方刻版多选用梨、枣木等，南方刻版则多选用黄杨、梓木等。枣、黄杨等较硬的木材，多用来刻较精细的书籍及图版，而梨、梓等硬度较低的木材，则往往是刻版最常选用的材料。

为使刻成的印版不变形，早期雕版要选用经长期存放干透的木材，这样刻成的印版，即使存放多年，也不会翘曲变形。后来才采用水浸及蒸煮的方法，来处理刻版用木材。其具体方法是将现成的板材，在水中浸泡一个月左右，再晾干备用。浸泡的目的是使木材内部的树脂溶解，干燥后不易翘裂，如遇急用可将木板在水中煮三四个小时，再在阴凉处使其干燥。木板干燥后，两面刨光、刨平，用植物油拭抹板面，再用茋茋草细细打磨，使之光滑平整。

早在雕版印刷术发明前，石刻文字已经有相当长的发展历史，各种雕刻工具已经发展到很高的水平，为木板雕刻创造了良好的条件。

我国古代的冶金技术在世界上处于领先地位。早在夏商时代，就能用青铜制造各种器具和工具。大约在周敬王七年（公元前 513 年），已经开始用生铁铸鼎。1976 年，在湖南长沙出土了一把春秋末期的钢剑，经分析是含碳量 0.5%~0.6% 的中碳钢，并经过锻打而成。战国时期遗址的出土文物，证明当时人们已能掌握一些热处理技术，以制造不同硬度的金属工具。到了战国后期，农业和手工业使用的工具已普遍用铁器了。古代先进的冶金及铁器制造技术，也为石刻文字和木板雕刻提供了优良的工具。

雕版所使用的工具主要是刻刀，其形状、大小有各种规格。雕刻不同大小的文字和文字的不同部位，都要选用不同的刻刀。在雕刻版内的空白部分时，还需要不同规格的铲刀、凿子等工具。另外，还需要锯、刨子等普通木工工具和一些附属工具，如尺、规、矩、拉线等。

印刷所用的工具，除台案外，还有印版固定夹具、固定纸张的夹子，以及各种规格的刷子。

关于早期雕版印刷的工具，在古代文献中未见记载，我们只能从现在的这些工具去推断古代工具的情况。一般认为，古代的工具和现代的工具相比，可能只是材料不同，加工制作精度不同，其形状变化不大。

2. 雕版和印刷

雕版的工艺过程分为写版、上样、刻版、校对、补修等步骤，当最后校正无误后，才能交付印刷。

写版又称为写样，一般是请善书之人书写，使用较薄的白纸，按照一定的格式书写。为了保证刻成的版没有错误，对写出的版样应先行校对；对于校出的错字，用修补的方法改正，等版样无误后才能进行上样。早期雕版的规格，多延用写本的款式，规格比较自由。宋代以后，随着册页装订的使用，版式才逐渐定型。

上样也称上版，就是将写好并校正无误的版样，反贴于加工好的木板上，并通过一定的方法，将版样上的文字转印到木板上。上样有两种方法，一种是在木板表面先涂一层很薄的糨糊，然后将版样纸反贴在板面上，用刷子轻拭纸背，使字迹转粘在板面上；待干燥后，轻轻擦去纸背，用刷子拭去纸屑，再以芨芨草打磨，使版面上的字迹或图画线条显出清晰的反文。刻字工匠即可以按照墨迹刻版。另一种方法是写版者用浓墨书写，板面用水浸湿，将写好的稿样反贴于板面上，用力压平，使文字墨迹转移到板面上，将纸揭去后，板面上就留有清晰的反体文字，但其文字的清晰度不如前一方法。所以，雕刻精细版面，还是多用第一种方法。

上样后即可刻版，这是关键的工序，它决定着印版的质量。它的任务是刻去版面的空白部分，并刻到一定的深度，保留其文字及其他需要印刷的部分，最后形成文字凸出而成反体的印版，这就是我们现在所称的凸印版。雕刻的具体步骤是：

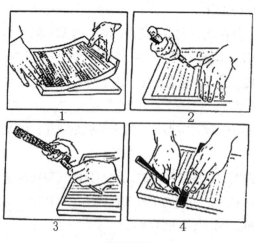

雕版制版图

先在每个字的周围刻一刀，以放松木面，这称为"发刀"。用刀时以右手握刀，左手拇指抵住，向内或向外推刀，然后在贴近笔画的边缘再加正刻或实刻，形成笔画一旁的内外两线。雕刻时先刻竖笔画，再将木板横转，刻完横笔画，然后再依次雕刻撇、捺、勾、点。最后将发刀周围的刻线与实刻刀痕二线之间的空白，用大小不同规格的剔空刀剔精。文字刻完后再刻边框及行格线，为保证外框及行线的平直，可借助直尺等专用工具。最后用铲刀铲去较大的空白处，并仔细检查整个版面后，即完成了一块印版的雕刻。

关于"印刷"一词，在我国古代的文献上，也常常称为"刷印"，这是因为在印刷过程中要两次用到刷子，是通过刷而完成文字的转印，所以将"刷"字排在前边，以特别强调。

印刷除了印版外，还需纸、墨等材料，以及刷子、台案等用具和设备。纸、墨的质量决定着印刷品的质量。在一定的印版、纸、墨条件下，印刷工匠的技术水平则决定着印刷品的质量。因此，一个好的印刷品要具备各种条件。

印刷的过程是先将印版用粘版膏固定在台案的一定位置上，再将一定数量的纸固定在另一台案上。由于纸和印版都固定在一定的位置上，这可以保证每一印张的印迹规格都是统一的。印刷时先用墨刷蘸墨均匀地涂刷于版面，再从固定的纸中依次揭起一张，平铺于版面上，再用干净的宽刷（或称耙子），轻轻刷拭纸背，然后揭起印版上的纸张，使其从两案间自然垂下，这时的纸张已称为印页或印张。如此逐张印刷到一定的数量。

关于雕版印刷的版式，也是随着成品形式的变化而不断变化着的。在印刷发明的初期，印刷品都是单页的形式，版式也很不固定。根据五代的印刷品推测，玄奘所印的佛像也可能是一种上图下文的形式，版面呈矩形，很符合黄金分割的比例。后来出现了整卷佛经或整部书的印刷，仍采用写本的卷轴装帧形式，版面除高度要求统一外，其宽度比较随意，一般以一张纸的大小为准。唐代后期，又出现了旋风装，是卷轴装的一种改进。经折装和册页装出现后，由于版面的大小需要统一，版面形式也逐渐地统一起来。

雕版印刷术不但是一项综合技术，也是技术和艺术相结合的产物。从技术上说，它需要有精湛的文字图画雕刻技术、刷印技术和成品的装帧技术；从材料说，它需要有高质量的纸张和印墨；从艺术性上说，它需要有书法艺术、绘画艺术和装帧艺术的配合。它的产品本身不但有供阅读、传播知识的价值，也具有艺术欣赏价值。因此，我们可以认为，雕版印刷术是相关技术和艺术发展到一定水平的产物。

三、五代十国的雕版印刷术

　　唐代末年，农民起义的烽火促使唐王朝覆灭，开始了历史上五代十国的动乱年代。唐末的战乱，使一些地区的经济和文化受到很大的破坏，印刷业也不例外。但在一些地区，如前后蜀、南唐、吴越、闽国，形成了相对安定的局面，经济、文化相对繁荣，这些地区的印刷业也得以继续发展。五代十国时期，虽然只有50多年，在北方经历了后梁、后唐、后晋、后汉、后周5个朝代，在南方先后出现了吴、南唐、吴越、前蜀、后蜀、南波、楚、闽、荆南9个割据小国，加上占据太原一带的北汉，共有10个小国，但在印刷史上，五代十国却是一个重要的时代。

1. 私刻和官刻的兴起

　　雕版印刷术在唐代还处于萌芽阶段，进展还不大，到了五代十国，情况才起了很大的变化。五代十国虽然只有短短五十几年，并且北方还处于干戈扰攘之中，但雕版印刷术却有了很大的发展。

　　首先，市面上出售的印刷品增多了，也就是书坊刻的书增多了。当时北方虽然在动乱之中，而四川和南方却比较安定，在唐代雕版印刷有一定基础的四川和江南地区，坊刻又有了较大的发展。冯道在923年给后唐明宗的奏章上就有"尝见吴蜀之人，鬻印版文字，色类绝多"的说法。"鬻印版文字"就是市面上出售印刷品，这些印刷品品种非常多，可见坊刻有了很大的增长。

　　不过，更重要的是雕版印刷术已经不仅是书坊主用以牟利的手段，而且受到士大夫以至帝王的重视，在坊刻之外出现了私人雇工刻书的私刻和由国家刻书的官刻两种方式。

五代时，士大夫开始认识到刻印书籍的优越性，采取出钱刻书的方式。如前蜀的任知玄为了能有更多人阅读杜光庭的《道德经》，在909年至913年的5年间，自己出钱雇工刻印，一共雕了460块板子，印了30卷。923年，前蜀僧人昙域为了使他的师父贯休的诗文得以流传，雇工印刻了贯休的《禅月集》。

后蜀的毋昭裔出身贫贱，但酷爱读书，有一次跟朋友借阅《昭明文选》，看到朋友露出很不乐意的神色，便发愤：有朝一日富贵了，一定要将书刻印出来，供大家阅读。他后来当了宰相，果然实践自己的誓言，拿出百万私财，营建学校，刻印书籍。他爱好古文，精通经术，著有《尔雅音略》三卷。他命李德钊书写九经，刻成石经，放在成都学宫，这就是有名的"蜀石经"；又命门人勾中正、孙逢吉书写《昭明文选》《初学记》《白氏六帖》，刻版印行。自五代至宋，四川始终是我国印刷中心之一，这与毋昭裔的重视和提倡有关。到了后周，宰相和凝为了传播自己的作品，把所著诗歌100卷自己写在版上刻印送人。这种私人刻书，在书法和内容的正确性方面都有较高要求，如毋昭裔就让他的学生勾中正、孙逢吉去校订，所以书写和校勘都比坊刻讲究。

到了932年，后唐的宰相冯道看到民间流行的经典文本不一，认为有必要核定一个标准文本。他从四川、江南大量刻印各种印刷品出售这一事实，看出通过印刷可以得到大量复印品，认为如果经过校订的经典也采取雕版印刷的办法，就可以广为流传，"深益于文教"。因此他和李愚奏请国

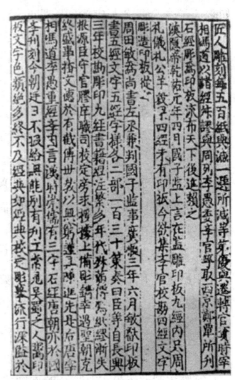

《九经》（五代十国时期刻本）

子监校定《九经》刻版印卖。后唐明宗批准他们的建议，依据西京郑覃所刻石经文字，由国子监召集博士儒生，对经文加以句读，抄写出来，并经指定的样勘官仔细校勘，再由有名书法家端楷写出，然后招雇良工，把各经按次刻版印刷。这是有史以来第一次印儒家经典，也是统治者第一次采用印刷手段印书。由于这是国家机构刻印，也就被称为官刻。这部书从后唐明宗长兴二年（931年）起到后周广顺三年（953年），历经后唐、后晋、后汉、后周4个朝代才印成。此外，还雕印了《五经文字》和《九经字样》各两部，《论语》《孝经》《尔雅》各一部，显德年间（954年—959年）又雕印了《经典释文》。

这些经书都由国子监刻印，被称为监本。由于监本具有校勘精详、书写严格和镌刻精良的特点，因而被视为标准本，对雕版印刷工艺的发展起了推动作用。

在冯道开始雕印《九经》以后，后蜀主孟昶也雕印过《六经》。后晋石敬瑭在940年刻印《道德经》颁行国内。吴越王钱俶在956年开始雕刻《一切如来心秘密全身舍利宝箧印陀罗尼经》84000卷，又令僧人延寿在974年之前雕印佛经、佛像咒图。这些都属于官印性质。

五代十国时印刷品，无论品种、印数和印刷质量都比唐代有了显著的变化。923年，冯道就说过四川、江南地区坊刻书籍的品种达到"极多"的地步，可以想象五代十国初年坊刻的品种已比唐代有了较大的增长。此后，文学著作的雕印逐渐增多，如四川印的《初学记》《文选》和《禅月集》，南唐印的刘知几所著《史通》和徐陵所编集《玉台新咏》，后周和凝的文集都先后雕印出版。自从冯道创印《九经》后，又兴起雕印儒家经典之风，后蜀主孟昶和宰相毋昭裔都雕印过儒家经典，毋昭裔还雕印过史学著作。可以看出五代十国时雕印的范围已从唐代历书、小学、字书、佛经、道书以及阴阳占卜的书籍为主的情况转而大量雕印当时读书人普遍需要的经史文学著作。

印刷量也有了大量增长。儒家经典是士人必读之书，需求量相当大，而有些经典像《左传》字数相当多，所以印刷量必然相当大。后蜀因毋昭裔雕印《九经》及史学著作，文化大为兴盛，也可以想象当时印刷量不在少数，才会收到这样的效果。

雕版印刷的质量也有很大的提高。印刷品的质量主要指内容字体、刻工、纸墨、印工等几个方面。五代十国时无论私刻或官刻都要经过校勘，要求书法端正，字迹清晰。有时所用纸墨也比较讲究。特别是冯道倡议印的《九经》，集中全国饱学之士仔细校勘，书法家缮写，良工镌刻，所以质量特别高，被后世称为监本。

2. 五代十国的佛教印刷

唐代末期，佛教曾受到一次剪除，但在一些地区寺院仍保持完好。到五代十国时期，佛教有了一定的发展。在一些国家，由于统治者的特别提倡，佛教非常兴盛。据记载，后周显德二年（955年）时，有寺院2964所，僧尼61200人，说明当时佛教的规模是很大的。而当时的佛像佛经印刷，也遍及南北各地，流传下来的五代十国时期佛教印刷品也较其他印刷品为多，例如敦煌莫高窟石室里就有五代十国时期的佛教印刷品。

敦煌莫高窟，是我国人民从4世纪到14世纪延续修建起来的一座规模宏大的佛教石窟。15世纪以后这一地区与中原地区的联系中断，莫高窟由盛转衰。到18世纪末，这里的大部分石室和寺院都已废弃，只有一小部分寺院延续着香火。清道光初年莫高窟的下寺里住了道士，其中有一位叫王圆箓的道士是下寺的住持。王道士原是湖北的一位庄稼汉，因家乡连年荒旱逃到了甘肃酒泉出家当了道士，后来便跑到了敦煌并很快当了下寺的住持。王道士并没有多少文化，但修行心切，为了修积自己的功德，他用化缘得来的部分钱请来了工人，开始清理一些因长期荒芜被流沙掩埋了的石窟。

1900年5月26日清晨，王道士等人在清理莫高窟北端的第16号窟时，发现了这批沉睡了900年的文物。

在敦煌石室，发现的五代十国佛教印刷品有：《大圣毗沙门天王像》《大慈大悲救苦观世音菩萨图》《圣理白衣菩萨》及后晋天福五年（940年）刻印的《金刚经》等。遗憾的是，这些印刷品都流落到国外了。

《大慈大悲救苦观世音菩萨图》，上图下文，文中刻有"曹元忠雕此印板，奉为城隍安寨，阖郡康宁""时大晋开运四年丁未岁七月十五日""匠人雷延美"等字样。这既有主持刻印者姓名，也有刻印的年月日，我们从"曹元忠"为瓜沙等州观察使的职务，也可推断出印刷地点就在敦煌一带，说明这里当

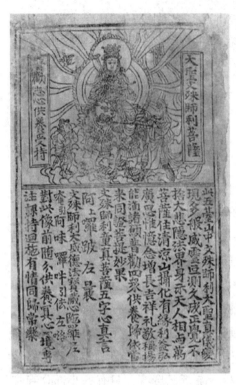

《大圣文殊师利菩萨像》

时也有一定规模的印刷力量。更为可贵的是载有刻工的姓名，"雷延美"成为印刷史上最早见于记载的雕版工匠。

同年，曹元忠还请匠人雕版印刷了《大圣毗沙门天王像》。其形式也为上图下文，构图更为复杂。曹元忠还请匠人雕版印刷了《金刚经》，末尾刻有"弟子……曹元忠普施罗持。天福五年己酉岁五月十五日"字样。上海博物馆藏有一件曹元忠雕版印刷的《圣观自在菩萨像》。北京图书馆所藏的《大圣文殊师利菩萨像》，也是发现于敦煌的上图下文的五代十国印刷品，和曹元忠雕版印刷的其他几幅佛像风格相近，可能也是曹元忠请人制作的。以上说明曹元忠在较偏远的敦煌，组织工匠雕版印刷了较多的佛像佛经，

在五代十国印刷史上应占有一定的地位。

五代十国时期，佛教印刷最兴盛的是偏安于东南一带的吴越国。其统治的地区包括今浙江全省及苏南、闽北一些地区，都城设在杭州。这里本来就是鱼米桑麻之乡，统治者吴越王钱镠、钱俶"多宽民之政，境无弃田，邦域之内悦而爱之"。再加上这里有80多年的和平环境，因此，经济、文化都十分繁荣，为印刷业的发展也创造了条件。

吴越国的统治者都很信奉佛教，忠懿王钱俶对佛教更是虔诚。他在位时（947年—978年）多次大修寺庙，如重修西湖灵隐寺，建西湖永明禅寺，又多出金帛于月轮山造释迦砖塔，其塔九层八角，高四十丈（约133米），即今日六和塔的前身。

1917年，湖州天宁寺改建为中学校舍时，于石幢象鼻中发现《一切如来心秘密全身舍利宝箧印陀罗尼经》数卷。卷首有"天下都元帅吴越国王钱弘俶印《宝箧印经》八万四千卷，在宝塔内供养。显德三年丙辰（956年）岁记"

字样。经文共 338 行，每行八九字。这一经卷同时所出为两卷，字体略有差异，可能为另一版本。

1924 年西湖雷峰塔倒塌，塔内发现藏有黄绫包着的《宝箧印经》，卷首印有"天下兵马大元帅吴越国王钱俶造此经八万四千卷，舍入西关砖塔，永充供养。乙亥八月日记"字样。经卷高 7 厘米，长 2 米，每行十到十一字不等，分竹纸、棉纸两种。这时已是宋太祖开宝八年（975 年）了。

1971 年，在绍兴县出土金涂塔一座，塔高约 33 厘米，塔内放一小竹筒，长约 10 厘米，红色，筒内藏经 1 卷。卷首印有"吴越国王钱俶敬造《宝箧印经》八万四千卷，永充供养，时乙丑岁记"字样。乙丑年为宋太祖乾德三年（965 年），宋的统治还未达及这里。字体细小，每行十一二字，文字印刷清晰，纸质洁白，墨色精良，是五代十国晚期印刷的精品。

《宝箧印经》（钱俶965年刻本）

吴越国的有名僧人延寿和尚，也印了大量的佛经，他很得钱俶的宠信，赐号智觉禅师，先后任灵隐寺、永明禅寺住持。他曾主持印刷过《弥陀经》《楞严经》《法华经》《观音经》《佛顶咒》《大悲咒》等佛经，还印《法界心图》七万余本，"凡一切灵验真言，无不印施，以为开导"。有的真言印到 10 万本，可见他印施之多。他还亲手印《弥陀塔》14 万本，"遍施寰海，吴越国中念佛之兴由此始矣"。他的印刷活动大约在 938 年至 972 年。

五代十国时期，吴越印刷佛经的活动，促进了这一带印刷业的发展，造就了一批雕版、印刷能手，因而在宋代，杭州成为全国重要的印刷基地。

四、宋代的雕版印刷术

宋王朝建立政权以后，为了巩固国家的统一，加强中央集权，在政治、经济、文化等方面都采取了一些改革措施，造成了社会各阶层倾心学术、精研文章、崇尚文化的浓厚风气。为了适应政治和文化的需要，许多政府机构、书坊和个人都积极进行刻书事业。这时的刻书，分为官刻、私刻两种类型。这两类刻书业，组成了一个庞大的刻书网，遍及全国各地，尤其是浙江、河南、福建、山西、陕西、四川等地，使整个宋代刻书事业十分繁荣兴旺。宋代是我国雕版印刷事业发展的黄金时代。两宋时期，所刻书籍数量之多，雕刻之广，字体之美，版印之精，用纸之好，规模之大，发行之广，都达到了一个历史的新水平。

1. 宋代的官刻

所谓官刻，是由中央官府和地方官府经营管理的出版印刷机构。官刻还可以分为官府和学校两种性质。在宋代，不仅国子监刻书，中央的殿院、司、局，地方的州、府、县，各路使司都有刻书；各州的军学、郡斋、郡学、县斋、县学等也都有刻书。这些刻本，后世称为"官刻本"。

北宋建立政权后，宋太祖于建隆四年（963 年），就命令窦仪等编纂刑律《宋刑统》。就在这一年，雕版印成，颁行于世。这是我国历史上第一部雕刻印行的刑事法典，也是宋代官方刻书的开始。

宋代雕版印刷儒家经典，仍由国子监主持。国子监既是政府的教育管理机构，又是最高学府。宋太宗即位以后，就命学官校订《五经疏义》，雕版印行。淳化五年（994年），又重加校订《二传》《二礼》《孝经》《论语》《尔雅》《七经疏义》等书。这时在国子监设立专门的刻书机构，初名叫印书钱物所，后改称书库官，专管经史群书的雕版印刷；并设置书库监官，雕版印刷书籍，以备朝廷需用，同时出卖书籍。在这期间，还选官分别校订《史记》《汉书》《后汉书》等，派遣内侍，送杭州雕版印刷，所印书籍很是精美。

宋景德二年（1005年），宋真宗亲临国子监检阅库书，问国子监祭酒邢昺雕刻出来多少书版。邢答："建国初年，不及四千，现今已有十余万版，经史、义、疏都有。"说明仅国子监存库的雕版，经过40年，从不足4000块，一跃而贮存十几万块，充分说明当时刻书规模之大，速度之快。

在宋仁宗时，始召馆职校订《宋书》《南齐书》《梁书》《陈书》《魏书》《北齐书》《周书》，雕版印行。从这时起，正史已经全部由国子监刻版印行。

到了南宋，因为汴京国子监贮藏书版全部被毁，临安的国子监，只好重新校刻经史群书。但因偏安临安，经济困难，所刻书籍，与北宋相比数量相差很多。

宋代国子监不但雕版印刷正经、正史，还校刻了不少医书，如《脉经》《千金要方》《千金翼方》《补注本草》等。宋代国子监对一些重要医书的质量很重视，要经过详细校订，然后雕版印行。因为当时有的人已经意识到"医方一字差误，其害匪轻"。

宋代地方官刻本比较著名的有两浙东路和西路茶盐司本，其次有两浙东路安抚使刻本、浙东庾司刻本、浙右漕司刻本、浙西提刑司刻本，以及各公使、各州军学、各府官廨刻本，各府县学刻本等。两浙东路提举茶盐司刻书较多，有些还是卷帙很大的著作，如司马光的《资治通鉴》，共计

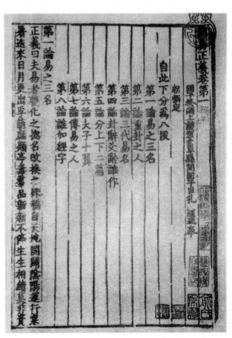

《周易正义》（南宋国子监本）

294卷，于宋高宗绍兴二年（1132年）七月一日在绍兴府余姚开始雕版，到绍兴三年（1133年）十二月二十日印刷完成。这样一部巨著，只用了一年半的时间，周期之短，速度之快，都是空前的。

绍兴十四年（1144年），四川眉山漕司雕版印刷书籍也较多，有名的"眉山七史"就是在眉山刻印的。七史包括《宋书》《魏书》《梁书》《南齐书》《北齐书》《周书》《陈书》，共计491卷。七史的雕版，后经元、明多次修补重印。

北宋时建康（南京）刻书也很多。据南宋景定二年（1261年）《建康志》所载，当时建康府有书版67种，约1万块。有《花间集》《六朝实录》及《小儿疮疹论方》等书。

宋代公使库刻的书也很多。公使库是宋代招待来往官吏的地方，库内设有印书局，管理刻书业务。当时苏州、古州、明州、舒州、抚州、台州、信州、泉州等公使库，都有刻书。抚州（今江西抚州）公使库刻的《郑注礼记》很为有名，至今还有传本。

南宋淳熙八年（1181年），尤袤在池州郡斋精刻《昭明文选》。这本文选记有刻工姓名的就有40多人，很多刻工技艺高超。这说明南宋时皖南地区印刷事业相当发达，有一支庞大的刻工队伍。这个版本，有江西鄱阳人胡克家在1809年的仿刻本，现在已成佳本。1979年我国赠送给美国副总统蒙代尔的一本，就是这个版本的复制品。

宋代书院刻书也很兴盛。宋时有白鹿洞、石鼓（一说嵩阳）、应天、岳麓四大书院。此外，婺州的丽泽书院、越州读书堂、象山书院、建安书院都有刻书。婺州州学刻有苏洵的《嘉祐集》16卷，严州州学刻有《唐柳先生集》45卷等。书院一般都由著名学者讲学，各有专长。所刻的书大都校勘精审，多属善本，很有学术价值，颇为历代学者所重视。

《昭明文选》（池阳郡斋刻本）

宋代佛经佛像的雕版印刷空前盛

行。开宝四年（971 年），宋太宗派遣高品、张从信去益州（成都）监雕佛教《大藏经》，至太平兴国八年（983 年）告成，这是我国也是世界上最早雕印的卷帙浩大的佛经。这部《大藏经》在雕版之前，集中了西域和国内的高僧、学者，搜集了我国和日本、高丽、西域的善本进行点校，规定了底本的书写格式，每版 23 行，每行 14 字，挑选书法高手书写颜体字。在雕版以前，还用金银字的写本校勘。所以，这本《大藏经》具有版面壮观、字体秀美、行款疏朗、刻工讲究、校勘精心、墨色醇浓、错讹甚少的特点。

2. 宋代的私刻

所谓私人刻本，一般是指私人出资雕版印刷书籍，包括私宅、私塾、书棚、书坊、书肆等。一般把书棚、书坊、书肆称为坊刻本，把私宅、家塾刻本称为私刻本或家刻本。宋代私刻本，很为普遍。

宋代书坊、书肆，有的专门刻书出售，很像现在的出版社及其附属的印刷厂。有的书坊主人就是藏书家，身兼编撰、雕版、印刷、售书，也就是把编辑、出版、印刷、发行集中于一坊一肆。东京汴梁、杭州等地，坊肆很多，也很有名。据《天禄琳琅书目》记载，以巨州守长沙赵淇，临邛韩醇，临安陈起、岳珂、廖莹中，建安勤有堂余氏，新安汪纲等家刻书最为有名，而且影响较大。建安勤有堂（又称万卷堂），从北宋时起就是有名的刻书铺。临安陈起父子经营的书铺，在

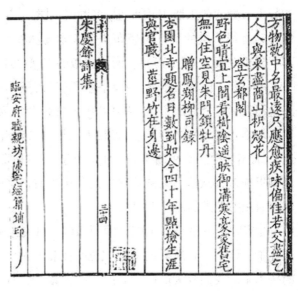

《朱庆余诗集》（宋代临安府睦亲坊陈宅经籍铺刻）

将近半个世纪的时间里，刻书百种以上，雕刻极精，以唐、宋诗文居多，名声较大。现在北京图书馆还藏有唐《王建集》10 卷、《朱庆余诗集》1 卷。

宋代坊刻本还有临安府荣六郎刻书铺，尹家书籍铺，西蜀崔氏书肆，金华双桂堂，咸阳书隐斋，汾阳博济堂，麻沙建安堂等。义乌溪蒋宅崇知斋，刻有巾箱本《礼记》5 卷。我国巾箱本刻书，就从南宋开始。浙江东阳胡仑王宅桂堂所刻的《三苏文粹》70 卷，纸质洁白，墨色浓厚，雕版极精，今尚有存书。宋代成都的刻书流传下来的有西川过家，成都府樊赏家，成都县龙池坊卞家。

私人刻书往往目的不同。有的是为了把自己写的书宣扬出去，同时可以传留后代，这就是所谓家刻本。一般家刻本，作者兼出版者，文字校勘认真，雕刻讲究，用纸选优。如浙江钱塘的王叔边、临安孟琪等家刻的书，都很精良。我国现存最早最完整的法医学专著《洗冤集录》，就是南宋时宋慈自撰自刻本。他根据自己任法官时办案经验和前人办案资料，于宋理宗淳祐七年（1247 年）编成此书，在湖南宪治出资雕版印刷，可惜已经失传，现存元刻本。

旧时书坊刻书，目的只是为了获利，往往垄断书籍，不许别人翻版。13世纪时，就有一些私人刻坊在刻书时，呈请当地官署出告禁止翻版，这就是在书籍的版权页上印有"版权所有，翻印必究"的来源。这类告示在现存的宋版书或翻印的宋版书均可见。例如宋刻本《方舆胜览》就有两浙转运司和福建转运司所发的禁止翻版布告；宋本《丛桂毛诗集解》，也载有南宋国子监"禁止翻版公据"。可见，南宋出版的书籍已经禁止翻版了。

南宋有一位刻工董明，在刻完了《思溪资福藏》以后，第二年又去越州茶盐司刊刻《资治通鉴》；绍兴九年（1139 年）又到临安府刻《汉官仪》；同年还在临安刻《官文粹》；绍兴二十八年（1158 年），又到明州刊刻《昭明文选》。此外，他还曾在湖州刻《北山小集》，在临安刻《后汉书》等。20 多年，他刻书很多，从这个人的刻书经历，可以看出当时刻书的数量和效率，也说明当时刻书工人的流动性很大。

北宋时期，已经有了雕刻铜版印刷，现在上海博物馆藏有"济南刘家功夫针铺"印刷广告所需的铜版，说明在北宋时期已经发展出了可以雕刻铜版的技术了。我们今天能够看到的一些古籍，就有不少是宋代雕版印刷后流传到今天的。唐代名医孙思邈著的《备急千金方》，是我国最早的一部临床实用百科全书，也是北宋时期雕版印刷的。这部书对后世影响很大，至今中医常用的许多方剂，就来源于这本书记载的原方。

我国现存的最早的天文学著作《周髀算经》和数学专著《九章算术》，都在金哀宗正大八年（1231年）第一次刻成。《周髀算经》写成的时间很早，最早介绍了勾股定理及其在测量上的应用，以及怎样引用到天文计算。今天能够看到的这本书，就是南宋的刻本。《九章算术》的刻本，字体清秀，刻工精湛，不仅是数学名著，也是一部较为精美的印刷物，曾被译成朝鲜文和日文，很受国外数学家的重视。

我国现存最早的一本雕版印刷的围棋著作，是南宋御书院棋待诏李逸民编辑的《忘忧清乐集》。宋刻本传世的已经不多，而这部宋版围棋著作就成了围棋著作中最早的刻本，已经成为传世珍品。

现在传世的宋刻本还有《说文解字》《尔雅》《昭明文选》《资治通鉴》等。不难看出，我们不少的古籍是因宋代的雕版印刷得以保存至今的，这说明雕版印刷术对保存文化遗产起了多么巨大的作用。

五、辽、金、西夏的雕版印刷术

几乎与宋朝同时存在的，还有北方少数民族建立的政权，这就是辽、西夏和金。辽国为契丹族建立的政权，存在于 907 年至 1125 年；西夏国地处今陕西西北部、甘肃东北部和宁夏的大部，存在于 1038 年至 1227 年；金国为女真族建立的政权，存在于 1115 年至 1234 年。随着中原地区与这些少数民族地区的经济文化交流，黄河、长江中下游地区发达的印刷技术，也通过各种渠道传播到北方少数民族地区，促进了辽、西夏、金印刷技术的快速发展。

1. 从应县木塔藏经看辽代的雕版印刷术

辽建国于 907 年，至 1125 年灭亡，前后共有 200 多年的历史。辽建国后，佛教随即传入契丹民族。这时汉人也在辽国为辽建设城邑，建造佛寺。辽圣宗以后，汉文化得到广泛传播，佛教在这时也得到发展。

辽代刊刻石经，并大规模利用雕版印刷佛经、佛像和教学用书等。辽代自统和时（983 年—1011 年）开始（一说自辽兴宗以来），用汉文雕版印刷《大藏经》，通称《丹藏》或《契丹藏》，这是我国现存最早雕印的《大藏经》。同时，历史文献记载和发现的文物，都证明它是在辽的陪都燕京（今北京）雕版印刷的。据辽燕京的圆福寺沙门觉苑说，兴宗命远近搜集的佛经都付雕版印刷，并要人详勘，觉苑因此参与校勘。据《灵岩寺碑铭》记载，辽重熙二十二年（1053 年），辽兴中府（今辽宁朝阳县）建灵岩寺，曾购得《大藏经》一部收藏，以广流通。辽咸雍四年（1068 年），南京（今北京）玉河县的邓从贵出钱 50

万与觉苑募信徒助办，印《大藏经》579 帙，在旸台山清水院（北京大觉寺）收藏。辽乾统三年（1103 年），易州涞水县金山演教寺，也有董某捐造《大藏经》一部，印 506 余帙收藏。据大同华严寺金代的碑记说，辽兴宗时校正的藏经，即有 579 帙。可见辽时便大量印刷佛经以供流通。

这些记载，在时间上可能有些出入，但和 1974 年山西应县佛宫寺木塔内发现的辽代的《契丹藏》以及大量的珍贵的印刷物得到了印证。

在应县木塔内，发现了大量印刷物，这是一次空前的大发现。这些雕刻精美、印刷清晰、绚烂多彩的印刷物，使我们耳目一新，目睹这约千年以前我国印刷工匠的杰作，实在令人叹服。

在这些印刷品中，有 12 卷《契丹藏》，全都是用汉文雕版印刷的，大字楷书，苍劲有力，工整飘逸，刀法圆润，行间疏朗，排列整齐，版式统一。每版印成一整纸，由几张纸至几十张纸粘连成一卷，每卷行数、每行字数基本一致。有的卷首有精致的木刻佛画，佛像人数众多，雕刻精细，线条清晰，形象逼真，神态肃穆，比唐代的《金刚经》佛像，不论雕刻技术和印刷水平都前进了一大步。

《契丹藏》过去在文献中得知一二，到底什么样子，一直是一个谜，这次

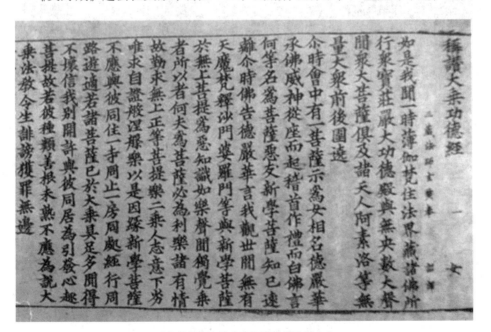

《契丹藏》中的文字印刷（辽代刻本）

发现，终于见到了庐山真面貌，这真是印刷界一件大喜事。

这些佛经，全是卷轴装，圆木轴，竹制杆，缥带为丝织品，不低于宋代版本的装帧水平。

根据叶恭绰先生的《历代藏经考略》，现存的《开宝藏》残卷皆印于崇宁、大观年间，如果属实的话，那么这次发现的辽统和年间雕版印刷的《契丹藏》，也就成了国内现存的最早的《大藏经》刻本。《契丹藏》中的《称赞大乘功德经》，刻于辽圣宗统和二十一年（1003 年），这比《开宝藏》仅仅晚 20 年。

应县木塔中除发现《契丹藏》外，还发现了其他刻经 35 件。在这批刻经中，有 4 卷卷尾印有明确的雕印时间，完全证明了这是辽代所刻。《上生经疏科文》雕版印刷于辽圣宗统和八年（990 年），《妙法莲华经（卷第四）》正式雕版印刷于辽圣宗太平五年（1025 年），其他两件经卷均刻于辽道宗咸雍七年（1071 年）。至于其他经卷，虽然没有时间，但从版式、行款、字体、纸张等情况来看，和上述时间没有多大出入，甚至有的雕版出于同一个雕刻者之手。

这批雕版印经，以卷轴本为多，也有蝴蝶装本。有的原是卷轴装，当时

《契丹藏》中的图案（辽代刻本）

又改为经折装，还用纸补加书口，墨画边框，可能是由于诵读翻阅时间过久，已经破损后改装的。这为我们研究印刷物由卷轴过渡到册叶的演变情况提供了可贵的资料。

印刷用的皮纸，纸质极佳，光洁坚韧，至今无一受到虫蛀，可见当时防蠹技术极为高明。用于印刷《大藏经》的纸也称为藏经纸。

这次发现的经卷大部分严重残损，但在恢复过程中，经过浸泡揭装，字迹仍很清楚，纸面仍很光洁，虽经多次伤损仍旧保留原来面貌，可见其用墨质量之精，用纸质地之好，印刷技术之高了。

在这批辽代刻经中，有的在题记里明确地写明了时间、地点和雕工姓名。印有雕刻地点的以燕京为最多，官刻、私刻都有。辽代曾在燕京设有印经院，专门从事经书的雕版印刷，这次发现的《释摩诃衍论通赞疏（卷十）》和《释摩诃衍论通赞疏科（卷下）》，都是辽道宗咸雍七年（1071 年）"燕京弘法寺奉宣校勘雕印流通"的，印经背面均有"宣赐燕京"戳记，足以证明这些印经是官刻的。

辽代燕京的寺院刻经也相当多，发现的雕版印刷品中，就有大昊天寺、天王寺、仰山寺、悯忠寺、弘业寺、圣寿寺、弘法寺等寺院的经卷。杂刻中的《新雕诸杂赞》就是"燕台大悯忠寺"（今法源寺）雕版印刷的。

现在世上仅存的一本辽代雕版印刷的书籍《蒙求》，也是 1974 年在应县木塔内发现的。

唐代李瀚撰的《蒙求》，取《易经》"蒙童求我"的意思，是一本教育儿童的启蒙课本。这本书影响较大，从宋、元、明、清直到民国初年，出了不少种的《蒙求》读物。它和《三字经》《百家姓》《千字文》一样，不仅在我国少数民族地区流传，而且朝鲜也出版过多种版本。这本书雕版，每页十行，每行四句，每四字一句，句与句之间有点空隙，便于阅读，楷体书写，字体工整。但该本校勘不精，有些错字，雕版粗糙，纸质、墨迹和印刷都不如《契丹藏》精美，很可能是西京（大同）一带的印刷物，是民间流传的一种坊刻本。从这一本书我们可以看出辽代坊间雕版印刷的通俗少年儿童读物的面貌。

木塔中发现的雕版印刷佛画，虽然没有署名和雕印地点，但与同时发现的刻经用纸的雕刻技艺相比后，证明二者是同一时期的产物。它和刻工精细的卷首画以及《炽盛光九曜图》等的技法、功力、风格都是很相似的。可以认为木塔中发现的雕印佛画也是燕京坊间雕版印刷的。

辽代私刻印刷业数量也不少。发现的印刷物中不仅有署名穆家、赵家、李家、燮家等可能是个体雕刻经卷和手工业者的，也有像《法华经玄赞会古通今新抄（卷二）》记有"孙守节等四十七人同雕"的题记。这本经书卷六并记有"赵俊等四十五人同雕记"。这说明当时燕京已经有了规模较大的雕版印刷的手工作坊。同时还有家庭雕版印刷作坊，如《妙法莲花经（卷四）》就记有"燕京雕历日赵家俊并长男、次弟同雕记"的题记。

这些雕版印刷品，不但雕版精良，而且在墨的质量、纸张质地、防止蛀蠹、颜料配方以及书籍装帧等方面，都为我们提供了研究辽代印刷极其珍贵的资料。

过去，许多专家在谈到我国宋及其以前的雕版印刷史时，多以汴梁、杭州、建阳、眉山、成都、苏州、南京等地为传统的雕版印刷技术的中心。在明以前很少有文献记载辽代燕京的刻书情况，明胡应麟虽有"燕、越、秦、楚今皆有刻，类自可观"之说，然而也没有具体详细的记载，所以没有引起人们的注意。

过去北京传世最早的印本是元初宪宗六年（1256 年）刻印的《歌诗篇》。在这以前，北京到底有没有印刷，始终为人疑惑。现在一下子发现了这么多辽代在燕京雕版印刷的佛经、佛画和书籍，而且还有雕版彩色套色印刷以及雕版漏印的实物。其中有 990 年的印刷物，这比《歌诗篇》一下子提前了 266 年。有力地证明了辽代燕京印刷力量之雄厚，技艺之高超，印刷之精细，令人叹为观止。

《法华经玄赞会古通今新抄（卷二）》

2. 黑水城遗址与西夏的雕版印刷术

西夏在建国初期的 40 多年间，曾 6 次向北宋购买书籍，其中包括《九经》《册府元龟》，以及国子监所印的其他书籍，而数量最多的是各种佛教经卷。购买书籍时，多以马匹来作为交换。例如，有一次西夏用 70 匹马作为支付印造《大藏经》的纸墨工本费，而宋朝政府则令印经院如数印造。有时宋也将印好的经卷无偿赠送给西夏，以示友好。

建国初期的西夏，由于大量从北宋购进书籍，使这一地区的文化有了很大的发展。特别是西夏崇宗以后，经济有所发展，学术文化也出现了相对繁荣的新局面。在这种条件下，西夏也开始建立自己的雕版印刷业。

由于资料的缺乏，对于西夏印刷业的详细情况，今天已很难了解。近代以来，在原西夏地区不断发现了一批西夏的印刷品，例如黑水城遗址就发现了一些西夏的印刷品，是研究西夏印刷的宝贵资料。

黑水城地处巴丹吉林沙漠边缘，四周是漫漫荒漠，草木不生，一派死寂之景。然而，黑水城遗址的发掘却告诉我们，在 900 多年前，这里却是西夏王朝的重镇，城内街市井然，人来车往；城外沟渠纵横，驼羊漫步。

黑水城遗址

　　黑水城遗址建筑规模庞大，城高墙厚，城墙西北角上还屹立着一座白色宝塔，颇有宗教特色。虽然城中的建筑物全被毁坏，但是断墙高廊仍然保留着古代城堡的雄姿伟貌。城外还有不少塔寺佛像，其中最引人注目的还是城西的一座穹顶寺堂，现在仍很完好。城内外渠埝纵横，阡陌清晰。著名的意大利旅行家马可·波罗曾到过这里，当时这里还有不少居民。

　　黑水城外围有一片南北长40余千米，东西宽25千米的地域，这片地域被人们称为"幽隐神秘的黑沙包"。据说在重叠的沙包下埋藏着一个古屯田区和田舍，沙包连绵，神秘莫测，连最有经验的牧民深入其中，也有迷路的危险。每当狂风大作，飞沙走石，沙包流动，残垣断壁就会悬露于沙包，有的牧民从流沙的缝隙中还窥见过被沙包掩埋的庙宇呢！

　　黑水城的神秘还在于探宝的故事。据说黑水城原来由一位黑将军驻守，敌军攻城时将自额济纳河经黑水城的支流堵塞，切断水源。黑将军率军激战至储水耗尽，只好下令将城中所有金银珠宝秘密藏于一口枯井之中。后来将军战死，城池沦陷，敌军屠城，黑水城便成为一座荒凉的废墟。

　　藏宝的传说引来了大批的探险者。其中最主要的是20世纪20年代俄国的科兹洛夫和英国的斯坦因率领的"探险队"。他们到处乱挖乱掘，始终没找到那口枯井，却挖出了西夏和元代的大批文物。科兹洛夫把所掘得的佛像、佛画、纸币和30余册印有奇妙文字的书籍寄到沙俄地理学会之后，当时研究西夏历史的专家们欣喜若狂，要求科兹洛夫追踪调查。科兹洛夫又挖了一个月，他在一座藏式佛塔里发现大量刻本、抄本，共计2000种以上，并发现300张佛画和大量木制的、青铜镀金的小佛像。在挖掘出的书籍中有著名的西夏汉文字典《番汉合时掌中珠》，后来人们据此解读了西夏文，一个湮没于历史风尘中的古老王国重新鲜活地再现于世人面前。

　　西夏的统治集团多数都信奉佛教，对佛经的需求量是很大的。例如，西夏仁宗乾祐二十年（1189年）九月十五日，李仁孝于寺院做大法会，念佛诵经，并散施番汉《观弥勒上生兜率天经》10万卷，汉《金刚普贤行愿经》《观音经》等5万卷。一次散施这么多的佛经，显然是印刷品，而且必定是由西夏自己雕版印刷的。因为这时已是南宋淳熙年间，西夏已不可能和南宋进行书籍贸易。从一些经卷的原文及落款中，明显看出为西夏所印。如《金刚般若波罗蜜经》《大方广佛华严普贤行愿经》的末尾均题"大夏乾祐二十年岁次己酉三月十五日正宫皇后罗氏谨施"字样。在《佛说转女身经》后题"天庆乙卯二年皇太后罗氏发愿谨施"字样。可见这些佛经都是西夏自己雕版印刷的。

西夏建国初期，其书籍多从北宋购入，自己的印刷事业还没有发展起来。例如，西夏景宗李元昊就多次派人到宋朝求购书籍。姻亲时更大量从宋朝购买书籍。西夏福圣承道三年（1055年），李谅祚遣使者向宋购买史传和佛经，宋朝赐西夏《大藏经》一部。奲都六年（1062年）又上表求太宗御制诗草隶书石本及《九经》《唐史》《册府元龟》，宋仁宗只准予《九经》。此外，西夏还通过民间贸易购买各种书籍。南宋时，金占领北方几省，山西平阳成为当时的印刷中心，这里邻近西夏，所印书籍也有不少传入西夏。在后来发现的西夏藏书中，就有金刻本《刘知远诸宫调》一书。

西夏的印刷业大约是崇宗年间开始发展起来的，到仁宗时发展到很高水平。据文献记载，西夏崇宗正德六年（1132年），西夏雕版印刷了《韵统》一书，按《广韵》排列，收西夏大小字及小注各6000余字，计56页，是一本字学书。当时雕版印刷的字书还有《文海》《文海杂类》《分类杂字》等刻本。

西夏印刷品中，最著名的是西夏仁宗乾祐二十一年（1190年）印刷的由骨勒茂才编的《番汉合时掌中珠》。这是一部西夏语汉语字典，按照天地人"三才"分类，收编常用词，用汉字注"国书"的音、义，又用"国书"注汉义所用的字的音。在注音中还采用了反切法，同时还注以"合"（合口）、"轻"（轻声）等发音状态。这些印刷品都说明，西夏特别重视语文学的研究。

由于与中原的广泛交往，西夏的文化体现了很多中原文化的色彩，很多制度也仿照宋朝。例如，按照宋的方法建立科举制度，通过考试来选拔人才，并于各州县设立学校，在京城设立太学。学习的内容除了汉字和西夏文外，主要是儒家经典著作。特别是崇宗至仁宗期间，西夏的文化及教育达到了高峰，当时在校的学生最多时有3000多人。文化事业的发展，使人们对书籍的需求量增加。在这种情况下，只靠从宋、辽购买书籍是远远不能满足需求的。西夏的印刷业就是在这样的历史环境下产生和发展起来的。西夏仁宗时发布的《天盛律令》中，就载有纸工院、刻印司等专门从事造纸、雕版印刷的机构。可见，当时西夏政府是很重视书籍印刷的。

关于西夏印刷业的详细情况，由于历史资料的缺乏，今天很难全面了解。但从有关资料中，我们还是能够看到当时印书的大体情况，从而推断出西夏在仁宗时印刷业已发展到一个高峰。

西夏的出版物，大都在京城兴庆（今宁夏银川）印刷，有的书还注明是刻印司雕版印刷。可见当时西夏政府有一个规模不小的印刷作坊，而且纸张也是自己制造的。

3.《赵城金藏》与金代的雕版印刷术

金太祖完颜阿骨打于 1115 年在我国北方建立了金国。在经济、政治和科举制度等方面都进行了一些改革；在创造女真文字、发展民族文化等方面都有一些贡献。1153 年定都中都（北京）后，造纸和印刷业也有一些发展。

《赵城金藏》是一部佛经，产生于金代。北宋太平兴国八年（983 年），我国的第一部《大藏经》在益州问世，被后人称为《开宝藏》。之后，北方金国的文化中心——山西省平水县，有一个名叫崔法珍的尼姑，断臂募款雕版印刷《大藏经》。许多人为她的苦行所感动，纷纷解囊捐资，凑成巨款。崔法珍四处延请高师，花了 30 年时间雕版印刷成一部具有《开宝藏》版式风格

《赵城金藏》（金代刻本）

的《大藏经》，雕版时又增加了许多重要著述，总成洋洋洒洒约 7000 卷，内容有唐玄奘从西域搜集来的 600 多部梵文经书，是一部研究佛教发展史的重要经典。这部经书用黄色的卷轴装，内有精美的释教讲经说法图，字也雕刻得端庄挺秀，刀工雄浑有力，结构布局疏朗有致，是难得的古代书法、雕刻佳作。这部金代雕版印刷的《大藏经》，后来藏于山西赵城县广胜寺，后人便简称它为《赵城金藏》。

《赵城金藏》在广胜寺内密藏了 700 多年，一直不为外人所知。1937 年"七七"事变前的一天，一位名叫范成的和尚云游到广胜寺，他看到这部经书，如获至宝，立即向北京的藏书家报告了这个重大发现，《赵城金藏》这才公布于世。《赵城金藏》的发现成了轰动一时的新闻。它吸引了无数文化界、知识界和佛教界的人们，因为它是当今世界上最完整、最丰富、最古老的《大藏经》祖本，连佛教的发源地印度都无法找到这么珍贵的《大藏经》了。

1942 后，山西赵城县被日寇包围，只有东北方向可与太岳抗日根据地沟通。名扬四海的《赵城金藏》成了日本侵略者猎取的重要目标。当时，《赵城金藏》存有 5000 多卷，密封于广胜寺的飞虹塔内。

这年初春的一天，日寇突然派人来广胜寺找住持力空和尚。力空以为是有人要来拜佛，谁知来人却说："阴历三月十八日庙会时，我们要登飞虹塔游览，望给予方便。"力空顿时心中一阵紧张，他马上意识到登塔游览是一个阴谋，其目的是为了藏在塔内的那稀世国宝。前些日，日军曾打过《赵城金藏》的主意，提出要用 22 万元大洋换《赵城金藏》，当时，力空和各寺院住持死也不答应。这次日军恐怕要动用武力了吧！力空左思右想，几天坐卧不安。

这次日军的阴谋，使力空日夜思虑，思来想去，只有找八路军去。于是他冒险下山，连夜穿过敌人的封锁线，一口气跑到沁源县井峪村，向八路军太岳军区指挥机关求援。

与此同时，八路军特工人员也从敌人内部获得了日寇将于近日奔广胜寺抢夺《赵城金藏》的情报。太岳军区党委得到了这份紧急情报后上报延安党中央，党中央迅速回电，要部队全力保护《赵城金藏》，决不能让日军抢走！

太岳军区、太岳二分区、赵城县委、县大队都紧急行动起来了，动员主持广胜寺的力空将经卷转移。在当地人民的配合下，从塔内取出 4400 多卷经卷，满装 42 大箱运走，保护了这一稀世国宝。

为了妥善保护这部经卷，开始时转移到太岳山区的亢驿镇，考虑到不安全，又转移到沁源县，以后又转移到棉上县的一个废弃的小煤窑里，部队经常派人检查晾晒。以后发现有的经卷发霉糟朽，又转移到涉县的温村和长乐村。1949 年 4 月，从涉县运到北京图书馆。经过技艺高超的揭裱能手四人，整整用了 10 多年的时间，终于将这 4400 多卷经藏，全部修复，使这一典雅古朴的国宝，得以保存下来。

《赵城金藏》只是金代的雕版印刷物的一个代表。除此之外，金代还刻了大批书籍。

金代的雕版印刷以中都（北京）、南京（开封）、平阳（临汾）、宁晋等地为中心。根据《金史·地理志》记载，平阳府物产有印刷书籍一项。金国政府在平阳府设置经籍所，由官吏主持，专门印行书籍，管理民间经营的书铺。平阳府城在平水县，所刻书籍称为"平水版"。平水一带的官宦富家，有的"家置书楼，人蓄文库"。绛州平水县著名的书坊有晦明轩张宅，曾在1204年雕版印刷过《经史证类大观本草》30 卷，1206年雕版印刷过《丹渊集》40 卷、《拾遗》2 卷 、《附录》1 卷。中和轩王宅于 1232 年雕版印刷《道德宝章》等书。现在存世的有平水县雕版印刷的《刘知远诸宫调》残卷、《周礼注》12 卷、全真派道士丘处机撰的《南丰曾子固先生集》34 卷、《萧闲老人明秀集注》《玉篇》《集韵》等。其中《南丰曾子固先生集》的纸墨刀法、版式与宋版没有多大区别，字画如写，纸质坚韧，用墨均匀，是平阳刻本的上品，在雕版史上有一定的价值。这些刻本大都字体清秀，雕刻精细，文大注小，版式合理，

《崇庆新雕改并五音集韵》（北京图书馆藏，崇庆元年河北宁晋荆珍刻本）

配合得当，足证当时雕版印刷技术颇佳。在甘肃还发现金代雕刻印刷的《隋朝窈窕呈倾国之芳容》的美人图，是金代平阳姬家书坊所刻。这很可能是流传民间的一种装饰画，具有较高的艺术和雕刻水平。中都的国子监也雕版印刷了大量的经史等书籍，发给各地学校，称为"监本"。

六、元代的雕版印刷术

元代在雕版印刷书籍方面,仍然沿袭南宋风气前进,书籍的数量没有减少。元代文学上的杰出成就是元曲,小说方面有了发展,科学技术也有了新的发展。在印刷方面的成就主要是木活字的使用和彩色套印技术的进步,而雕版印书进展不大。

1. 元代的官刻

元代把杭州等地的官刻书版接收过来,在大都(北京)成立兴文署,署置令丞和校理,发给俸给,召集刻工,雕版印刷诸经、子、史,发行全国。所以元代官刻本中兴文署的刻本最为著名。其中刻得较早和最好的是至元二十七年(1290年)雕版印刷的《资治通鉴音注》。明代陆容《菽园杂记》中说:"元人刻书,必经中书省看书,下所司,乃许刻印。"可见元代官刻书,都由中书省审查后再下令由诸路刊印。元代还设立艺文监,掌管儒家书籍翻译成蒙文出版和校勘工作;设广成局,掌管刻书工作。艺文监所刻书籍,流传下来的很少。太医院也雕版印刷过医书。元代司农司编辑雕版印刷过《农桑辑要》,刻于至元十年(1273年),这是现存最早的官撰农书,这本书在元代曾重刊多次,还雕版印刷过《农桑衣食撮要》。其他中央官署也雕版印刷一些书籍,包括蒙文书籍。

元代也有一些地方官刻本,其中以九路分刻九史比较有名。九史包括《汉书》《后汉书》《三国志》《隋书》《唐书》《北史》《辽史》《宋史》《金史》。

从这些例子可以看出元代官刻本侧重于经史。

元代各地有 100 多个书院，书院的刻本较多，而且比较精致，很有影响。元代的书院有较多的学田收入作为刻书的资金。同时主持书院的山长（院长），大都是有学问且热心于教育人才和传播知识的人。他们大都亲自校勘，所以有不少刻本较宋本为优，为后人所称道。其中西湖书院和圆沙书院所刻书籍，尤为优良。顾炎武在《日知录》中说，书院刻书有三善，山长无所事，而勤于校雠，一也；不惜费，而工精，二也；版不储官，而易印行，三也。

《金史》（元代杭州刻本）

元代，南宋时的杭州太学旧址被改为西湖书院，原藏国子监的四部书版 20 多万片保存得很完好。一些雕版印刷好手仍多集中于杭州，所以杭州刻书仍较其他地区为盛。《宋史》《辽史》《金史》和其他一些重要典籍，都发到两湖书院雕版印刷，刻本精良，印刷用纸上佳，世称"院本"。如泰定元年（1324 年）所刻马端临撰的《文献通考》348 卷，雕版精良，字体优美，为元代刻本中的代表。至正二年（1342 年）刻的元代真定人苏天爵编的《国朝文类》70 卷，现仍有存本，每半叶 10 行，每行 19 字。元大德本《绘画烈女传》，图画雕刻得秀丽工整，线条明晰，在我国版刻艺术史上具有较高的价值。

元代苏州的印刷业也相当兴盛，所刻书籍多请名家书写，模仿赵体，笔画娟秀，刻艺精良，刷印清楚，版式沿宋成例。苏州的梅溪书院和蓝山书院都刻过不少的精本。其中较好的有《战国策》《郑所南先生文集》《清隽集》《百二十图诗》《锦钱余笑》等。

元代各路儒学也雕版印刷了不少书籍。如苏州平江路儒学的《玉灵聚义》，印本质量较好。马祖常著的《石田集》，淮东路（今安徽淮河以南一带）儒学于（后）至元五年（1339 年）刻成，雕刻精妙，是元代刻本中的精品。此书所用纸张，洁白如玉，比较坚韧，用墨讲究，古香袭人。抚州路刻的《通典》、庆元路刻的《玉海》雕版印刷质量都较好。

元代民间所刻的《大藏经》称为《元藏》，于杭州路余杭县白云宗南山大普宁寺，根据宋刻本《思溪园觉藏》和在福州雕刻的《毗庐大藏》两种版本，加以校勘后于元世祖至元十四年（1277 年）到二十七年（1290 年）刻成，总计 1422 部，6017 卷，装 558 函。

1979 年云南省图书馆在整理馆藏佛经时，发现了元代官刻《大藏经》32 卷。这是鲜为人知，历代从未记载过的一部《大藏经》。根据现在已有的残卷推测，约有 651 函，6510 卷，规模很大，仅次于《赵城金藏》。

这部《大藏经》的刻本，主要由元代专司太后事务的徽政院在元大都进行印刷的，其中有的是在元大都弘法寺雕版印刷的。从已经发现的 32 卷看，除扉页有梵文外，其他全用汉字楷书，笔画清晰，刻工精良，刀法纯熟，工整有力。其中有 6 幅有刻工姓名，如有"古人彭斯立偕弟斯高刊""临江周仁可刊""古杭于寿刀""陈宁刊"等。以陈宁的刻工最佳。刷印纸张十分讲究，有的用宣纸，光洁坚韧，有的用绵纸，绵柔轻软，至今仍未被虫蛀。这些经卷，都是经折装。这部《大藏经》的发现，不仅填补了我国佛教雕版印经史上的一个空白，也为研究中国雕版印刷史提供了一个极其珍贵的文献资料。

元代，西夏党项族统治者，根据汉文、藏文、梵文和回鹘文，于大德六年（1302 年）在杭州大万寿寺雕印成西夏文《大藏经》，计 3620 卷，共印 100 多部，施于宁夏、永昌等路的寺院。当时还有西夏刻字工人在杭州从事雕刻印刷业，同时还在杭州印刷过西夏文其他经书。

元统一中国后，雕版印刷术很快就传到吐蕃。现存最古老的藏文史籍之一的《红册》作者公哥朵儿只的祖父葛德衮布，在元世祖时来过内地 7 次，回藏以后，在搽里八设立印刷所。《红册》就是利用汉文史料译成藏文的，曾于 1325 年由国师亦璘真乞刺思雕版印刷过。

2. 元代的私刻

元代的私刻、坊刻本比官刻本多，特别是坊刻本又比家刻本多。现在知道姓氏和坊名的就有 80 家左右。

元代的私刻书不少都流传下来，如岳氏荆溪家塾印刷的《春秋经传集解》，平水进德斋曹氏于至大三年（1310 年）印刷的《中州集》，大德八年（1304 年）丁思敬印刷的《元丰类稿》，茶陵陈子仁印刷的《增补六臣注文选》，苏州范氏岁寒堂于天历元年（1328 年）印刷的《范文正公集》，姑苏叶氏印刷的《王状元荆钗记》等，都是私刻本中比较有名的。不像坊刻本大都自设印刷所，私刻本有的是委托书坊的印刷所雕版印刷，有的则请一些雕刻工匠到家中刻书。

元代的书坊刻本数量较多，当时福建建宁府是书坊聚集的地方，刻书最多，那里的印刷事业也较发达。其中建安崇文镇余氏勤有堂、麻沙镇刘氏南涧堂、刘绵文日新堂、虞平斋务本堂、郑天泽宗文堂、叶日增等的广勤堂，历史都较悠久。现存元代坊刻书籍，大都是这几家的刻本。其中建安虞氏务本堂，由至元十八年（1281 年）创办，到明洪武二十一年（1388 年）停办，经营了 107 年；建安郑天泽宗文堂，从至顺元年（1330 年）创办至明嘉靖十六年（1537 年），共经营了 207 年，其经营书店和印刷业之久，历史上是少见的。

元代书坊和印刷比较集中的地方除福建的建宁、建安一带外，江西庐陵（吉水一带）有太宇书堂、积德书堂、双桂书堂、一山书堂等。浙江婺州、杭州，江苏的苏州等地，都是刻书很有名的地方。在北方的平水、平阳也是元代刻书的重要地区。燕山窦氏治济堂也有刻书，但记载下来的不多。元代的吴（苏州）、越（杭州）、闽（福州）三地的售书印刷业非常繁盛。当时杭州以刻书而出名的书铺有五六家，建安有十几家，平水、平阳也有六七家，都是较为有名的刻书铺。

元代雕版印刷的书籍，除了一些当时士大夫所需要的正经、正史外，还有一些有插图注本的经书、子弟书、字书和韵书等，科举应试的参考书、模范文章选集等书也不少。值得一提的是私刻和坊刻的医书增多了，如广勤堂的《新刊王氏脉经》，流传后世，极为有名。同时，还出现专门雕版印刷医书的书铺，私人印医书也有了新的发展。

元代雕版印刷的诗文集和戏曲、小说等数量也不少。刊印的《武王伐纣

《三国志平话》（元代刻本）

书》《秦并六国平话》《乐毅图齐七国春秋后集》《吕后斩韩信前汉书续集》《三国志平话》等，都是上图下文，很像现在的连环画。而元刊平话，以文为主，文图并茂，图画雕刻得形象生动，引人入胜。以《三国志平话》为例，其封面题有"新全相三国志平话"两行8个大字，中间上下花鱼尾间刊有稍小一些的"至治新刊"4个字，封面上半部分是横书"建安虞氏新刊"6个字，字下为"三顾茅庐图"。除此之外，还有建阳刘君佐翠岩精舍刊刻的《广韵》封面。

元代刊刻的书籍多请名书法家书写赵孟𫖯体。赵体字形秀逸，刚劲有力，再加上刻艺精良，非常受人喜爱。当时私刻和坊刻大都有牌记，这有助于版本的鉴定和印刷质量的审评。

这个时期的印刷用纸多是竹纸，相较宋时而言，用纸较为粗糙，纸色黯黑，书皮用纸也比较薄，而且粗黄。但也有的书籍用纸极好，洁白如玉，坚韧厚实。元版《玉海》初印时用的纸质地洁白厚实，是当时能看到的《玉海》用纸最好的，元版书印刷用墨也不如宋代。

元代由于重武轻文，一些善本书不多，因此书籍的刊刻多数比较简陋。

七、明代的雕版印刷术

明朝政府加强中央集权，注意发展生产，实行一套比较有利于社会经济、文化的进步措施，使明初的社会经济、文化一度有所发展。明洪武元年（1368年）下令"书籍田器不得征税"。这时雕版印书事业有了飞跃的发展。官刻、私刻各种书籍的品种和数量都超过宋、元。当时，两京十三省无不刻书。所以有人认为，明代的印刷业在我国雕版印刷史上起着承前启后、继往开来的作用。现在保存下来的古代雕版印书，明代占了绝大多数。明代以后的不少古籍，有些也是依靠明代的版本重刻才流传下来的。明代的出版印刷者，为我们后人留下了许多珍贵的文化遗产，至今仍有不少古籍以明刻本为最早和最善本。

1. 明代的官刻

明代的官刻本，中央的礼部、兵部、工部和都察院都有刻书，但以宫廷内府司礼监的刻本最多，所以通称"内府本"。司礼监下设汉经厂，专刻四部书籍；番经厂，专刻佛经书籍；道经厂，专刻道藏书籍。

明初，明太祖与明成祖自撰和命儒臣纂修的书籍，当时通称《制书》，约有六七十种，都是由中央分发给各地儒学诵读或收藏的，这类官书，大都由司礼监刊行。司礼监刻本，多是大字巨册，版式白口，用纸洁白，赵孟頫体，刻工精妙，形式美观，但因为校勘不精，错误较多，再加上外人不能入内阅读，所以一般读书人都不重视。特别是因管理不善，天长日久，偷窃毁坏严重。

明代对佛藏、道藏都很重视，明洪武五年（1372年），在南京蒋山寺开始点校雕版《大藏经》，至永乐元年（1403年）刻成。因为刻于南京，通称《明南藏》，共装636函，6331卷，共计版片57160块，梵夹装。万历年间，广为印行，每年约印20部，郑和曾用此版印造10部，舍入南北大寺及其家乡云南五华寺。

明成祖永乐八年（1410年），又在北京雕版印刷《大藏经》，经过20年刻成，世称《明北藏》，藏于北京。

在明万历年间，僧人道开发愿募捐雕刻《大藏经》，开始在山西五台山校勘，后因道开辞世，而屡换人员，以后在浙江嘉兴刻成，所以称《嘉兴藏》或《径山藏》。

我国宋代、金代所刻的道藏，由于元世祖至元十八年（1281年），下诏烧《道经》版、禁道经，因此当时流传很少。明代永乐年间令天师张宇初纂修道经，于正统九年（1444年）开始雕版，仅用了3年的时间就刻成，速度很快，共有480函，5305卷。因为印刷于正统年间，也称《正统道藏》。万历三十五年（1607年），又命天师张国祥续刻道藏，世称《续道藏》，经版共121589块。现在白云观尚藏有印本全藏，并刻有"大明万历四十三年九月吉日御制印造"字样，刻工精熟，图像细致，用白竹纸黑红两色套印，清晰醒目，是雕版印

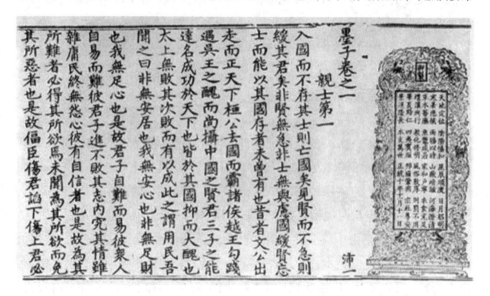

《道藏·墨子》[明正统十年（1445年）内府刻本]

刷佳品。明代武当山是道教的重要地方，曾雕版印刷过不少关于玄天上帝和武当山的书。

明代国子监刻本也较多。国子监明初设在南京，凡是南京国子监刻本，称为"南监本"。明洪武、永乐年间，将南宋和元的书版整理补刻。嘉靖年间，在检刻《十七史》时，又加刻《宋史》《辽史》《金史》《元史》，合称"明监本二十一史"，共计 2537 卷。雕版印刷这么卷帙浩大的著作，对保存史籍有很大贡献。

南京国子监还刊刻出版不少科技书籍，如《营造法式》30 卷，《天文志》24 卷，以及农业、医学等书。据《古今书刻》记载，南京国子监刊刻了 271 种书籍。南监在补刊正史时，还动员了近百名监中学生参加写字、校对、刻字。

迁都北京后，又建立了北京国子监，凡北京国子监的刻本，称为"北监本"。北京国子监最初刻书不多，以后多翻刻南监的一些印本。最重要的是《十三经注疏》和《廿一史》，《廿一史》费用为六万金。国子监还附设印刷匠 4 名，随时印书。

在明代的官刻中，北京都察院也刊刻了不少书籍。据《古今书刻》记载，共有 33 种；礼部每三年刊行一期《登科录》与《会试录》；兵部刊行《大阅录》；工部也刊刻书籍；钦天监每年印造《大统历日》，自办印刷所，有裁历匠 2 名，裱褙匠 1 名，刷印匠 28 名；司礼监也有裁历匠 80 名，可见当时印造历书的数量很大。明代官刻不能忽视的是，各地藩府刻书也引人注意。因为明代把王室子孙分封各地为王，其中有不少刻过书籍。宁藩、吉府、辽府、赵府、德府、鲁府、晋府、徽府、潞藩等，所刻书籍比较有名。其中宁藩刊刻的《太和正音谱》是我国音乐史上的名著；秦藩刊刻的《史记集解索引正义》，刻工精良，是明代藩府刻本的代表。由于藩刻多以宋、元为底本，所以质量较高。

2. 明代的私刻

明代私人家刻本非常盛行。嘉靖时私家刻书之风更盛。明代私家刻书多仿宋体，质量不高，但也有些私刻本，较为精美。有些藏书家或注重善本，细心校勘；或注意字体清秀，延请良工精刻，因而不少刻本，可与宋本媲美。

苏州袁尚之嘉趣堂，以藏书刻书著名，所刻《世说新语》、大字本《六臣注文选》，都很精美。

据王士禛《池北偶谈》记载，苏州私刻家王延喆刻《史记》时有一段趣闻。王延喆从一个卖书人手里看到一部宋刻《史记》，索价三百金，王延喆买下，限期一个月付款。回去后，王延喆召集了一些善于刻书的能手，照本摹刻，一个月完成。到期卖书人来讨款，王延喆对卖书人说："不要了。"那个卖书人拿了就走。后来卖书人发现纸张较差，找王延喆问明原因，王延喆就将翻印的事告诉了卖书人，并且以三百金买下那部原本《史记》。逸闻虽不能全信，但从中可以得知那时雕镂刷印之精，达到了乱真的程度，而且雕版印刷时间很短。

我国话本最早的刊本是《清平山堂话本》。清平山堂是明代嘉靖年间钱塘洪楩的斋名。他所刊印的话本有《雨窗集》《长灯集》等6集，共收话本60篇，又名《六十家小说》。现在日本有15篇，因为这些话本保存了宋、元话本的原貌，所以成为研究我国话本文学的重要资料。

现存最早、最大的一部古代小说总集《太平广记》，虽有宋版，但已罕见。我们现在所能见到的刻本有明代副都御史谈恺刻本，明末长洲许自昌梅花墅刊本，以及吴郡沈氏野竹斋抄本。

长洲陈仁锡阅帆堂刊刻的《陈百杨集》《石田先生集》等，字体仿赵松雪，刻工甚精，在万历年间别具一格。这些私刻家为我们留下了许多文化遗产。

常熟毛晋的汲古阁，从明万历到清初的40多年中，刊刻宋、元珍本600多种。汲古阁经常有刻工20人，还不惜用高价雇用精工刻书，以三分银子刻一百字为代价。有些书字体工整，宛如原刻，被称为"今古绝作"。毛晋家还有负责"抄书"的奴仆200人，有人赠他"入户僮仆皆抄书"的诗句。

毛晋博览群书，广搜古籍，凡得到宋、元秘籍，不仅自己认真校勘，还聘请名士核对。后人称毛晋本为"毛抄"。清代藏书家阮元赞其为"稀世之珍"。

汲古阁刊刻的《十三经》《十七史》《津逮秘书》等书，校勘精慎，雕刻优良，笔画挺秀，一丝不苟，刷印清楚，用纸精良，风行天下，不少书很受学者重视。毛晋为了能搜集一些宋、元珍本，在门口挂牌写着："有以宋椠本至者，门内主人计叶酬钱，每叶出二百；有以旧抄本至者，每叶出四十；有以时下善本至者，别家出一千，主人出一千二。"他用高价搜集了不少宋、元善本。当时流行"三百六十行生意，不如鬻书与毛氏"的话。他前后共购藏了84000多册书。

明代坊刻，前期多刻经史之类书籍，后期多刻小说、戏曲之类的书籍，也刻了一些农书、医书。现在流传下来不少的古典小说、元曲、明人杂剧等书，最早的刊本大都是明代的，有一些就是坊刻本。

明代坊刻以福建建阳一带为最多，建阳书林镇余氏勤有堂是著名的刻书世家，从宋到清，共有六七百年，世代相沿，但以明代刻书最多，共刻156种，其中通俗文艺书籍为多。现在通行本《三国志演义》《水浒传》《西游记》等著名小说，余氏都有刻本。明代余氏刻书家达数十人之多，他们有的父子各立门户，有的兄弟各自开业，还有祖孙几代都用一个堂名。离书林镇不远的麻沙镇也有几家书坊，从宋到明，世代刻书，经历几百年而不衰，至今流传下来几十种书。

明代书坊刻书另一个集中地是南京。当时南京著名的书坊有富春堂、文林阁、奎璧斋、广庆堂等几十家，多集中在三山街、太学前，其中以唐姓为最多。富春堂在万历年间刊刻了不少书籍，大都是戏曲话本，有《校梓注释圈证蔡伯喈》、汤显祖撰《新刻出像点板音注李十郎紫箫记》及《绣刻演剧十本》等。

我国现存最大的一部中草药书，是明代李时珍编撰的《本草纲目》。全书共52卷，190万字，各种药方11096方，1100多篇插图。明万历十八年（1590年），由南京藏书家，兼营刻书、售书业务的胡承龙承担刊刻。到万历二十四年（1596年）出版，世称"金陵版"。这本书出版后影响很大，几乎所有行医者，人手一册。后译成英、日、法、德、俄等多种文字，仅英译本就有10多种。明代北京书

《绨袍记》插图（明代富春堂刻本）

坊刻本也发现不少，其中著名的有永顺书堂、汪氏书肆、金台岳家书坊、叶氏书铺等，多集中在正阳门一带，国子监、刑部街、隆福寺等地也有几家。

永顺堂书坊，过去鲜为人知。1967 年，在上海嘉定县一个明代墓葬中出土了永顺堂雕版印刷的 11 册说唱词话和一种南戏，这是我国现存的诗赞系说唱文学的最早印刷本。其中有 5 本刻有年代，如《断歪乌盆传》书末有黑底白字："成化壬辰岁秋书林永顺堂刊行。"《开宗义富贵孝义传》，为成化十三年（1477 年）刊印。这些书都有插图版画，也是国内现存最早的小说戏曲有插图版画的印刷物。

八、清代的雕版印刷术

清朝建立后，一方面实行民族压迫政策，实行文字狱与销毁禁书，造成出版印刷物的大量毁灭；一方面举行"博学宏词"考试，笼络文人之心。清初一些有民族气节的文人，不愿效劳，又无力反抗，因而不少人走上研究古籍从事著作出版的道路，顾炎武、黄宗羲、王夫之、朱彝尊等就是其中的代表人物。他们在学术研究、搜辑散佚、刊刻典籍、保存文化等方面做出了一定的成绩。他们治学严谨，提倡雕版印刷善本书，刻了不少的丛书，而且愈刻愈精，对促进清代雕版印刷术的提高起到了一定的作用。

清圣祖康熙，比较重视书籍的出版印刷，他曾经亲自对一些古籍进行审阅、批注和修改，这就是清代"钦定本"的开始。他亲自审定的书，涉及经史、天文、历法、农艺、文学等各个方面。以后雍正、乾隆等皇帝也都仿效，所以清代"钦定本"比较多。雍乾时期是清代雕版印刷的全盛时期，精雕名刻层出不穷。嘉庆以后，逐渐减少。

1. 清代的官刻

清代的官刻本，可以分为内府刻本（内廷刻本）、地方官刻、书局书院刻本等。

顺治帝即位，定都北京后，为解决满人不识汉字的问题，设翻刻房于太和门外西廊下，挑选满人中熟识满汉文者担任翻译工作，开始由国子监刊刻书籍。以后改归武英殿管理，在武英殿内设立刻书处，凡是武英殿印的书，都称"武英殿本"，它最初刊刻的是《十三经注疏》。

康熙年间，武英殿刻书能手不多，仍然仿照明代的办法，把书稿发到南京、苏州、扬州、杭州等地雕版印刷，再运回武英殿。不少书籍，用唐欧阳询、元赵孟頫字体，字体秀丽，雕刻精美，印刷清晰，纸质洁白，世称"康版"。

其中《数理精蕴》《历代诗余》《渊鉴类函》《佩文韵府》等书，都是书品宽大、刻工精细、印刷清晰、墨色纯莹、装帧讲究的精本，纸张也是洁白坚韧的上等开化纸，有的还是彩色套印。

康熙年间，曹寅主持扬州诗局时，为内府刊印的书籍和他本人辑刻的《栋亭十二种》，都是经书法名家书写，良工精刻，字体端秀，墨色晶莹，纸张洁白，几种书籍，如出一人之手，很有宋刻的风韵。康熙四十五年（1706年），清政府曾把全部翰林都集中到扬州，编校唐诗，一部900多卷的《全唐诗》，在一年多的时间里，就在扬州诗局刻成。可以想见当时雕版印刷技术之精，规模之大，速度之快了。

《康熙字典》是我国古代收字最多，第一次以字典命名的字书，也是我国第一部官修的字典。这部字典是康熙四十九年（1710年），命张玉书、陈廷敬等30人编纂，到康熙五十五年（1716年）完成。康熙亲题书名，由武英殿雕版印刷。这部字典的雕版印刷本，笔画工整，笔锋挺秀，笔道清晰，字头和注文配合得当，是一部雕刻本的精华。

《康熙字典》自从武英殿雕版印刷以后，到现在已经290多年，影响很大，有很多版本。常见的有上海洪宝斋的石印本，光绪年间的上海洪文书局石印本，商务印书馆的铜版印本，中华书局的影印本，后来商务印书馆又出版了影印本。

《全唐诗》（清代刻本）

到了雍正、乾隆年间，武英殿的

雕版印刷力量才得到了充实和发展，成为中央的出版印刷机构。雕版印刷的书，大部分质量较高。

据刘锦藻所言：康熙、乾隆年间，武英殿刻本，当时钦定御制书名就有经类 26 部，史类 65 部，子类 36 部，集类 20 部，共计 147 部。可见当时刻书之多了。其中乾隆四十年（1775 年）雕刻印刷完成的《二十四史》，就是一部卷帙浩大的著作，共计 3249 卷，约计 4500 多万字。这部书于乾隆四十六年（1781 年）还曾剜刻修改重印过。清代官刻本因为集中了大量书写能手，也写刻了不少有风格的精品，如徐乾学为纳兰性德刻的《经解》和《通志堂集》等书，为官刻书的标本。特别是内府本，大都用开化纸印，装订也达到了精美绝伦的程度。

清初地方官刻没有开展，后来武英殿刻书允许各地翻刻，各省的官刻书才逐渐开展起来。各州府县衙、书院学校，雕版印书很多。浙江杭州、湖北武昌、湖南长沙、江西南昌、四川成都、山东济南、山西太原、福建福州、广东广州、云南昆明都设立官书局，掌管雕版印刷和书籍发行。当时以金陵、苏州、扬州、武昌、浙江为全国五大官办书局。这些书局，在雕版印书方面，互相协作，如《二十四史》就由南京的江南、武昌的崇文等五个书局合刻。所刻印的书，校勘认真，雕工精良，并印有地点，称为"书局版"，也称"局本"。

南京官书局，成立于同治三年（1864 年），当时名为金陵官书局，是江南一带首先开办的一家官书局。当时他们的任务是，一方面组织学者名流校勘、雕版印刷各类书籍，另一方面出售刊刻的书籍，兼有现在出版、印刷、发行三者的职能。该局雕版印刷的四书、诸经、《史记》《前汉书》《后汉书》《三国志》《文选》等书，最为著名。尤其广泛搜集善本，校刊极精，超过殿本，印成的书备受欢迎。光绪初，金陵官书局改为江南官书局，以后又改为江楚书局。聘请缪荃孙为总纂，陈作霖、姚佩珩为分纂，因而有人评价当时的官书局以金陵为最善。

官办浙江书局，于同治四年（1865 年）成立于杭州的营巷报恩寺，其规模仅次于南京官书局，雕版印书也很多。最先雕版印刷的有《钦定七经》及御批《通鉴辑览》、御选《古文渊鉴》等书。浙江书局自 1867 年到 1885 年先后刊印了 200 多种书，刻工多时达 100 多名，选择优良底本，刻工力求精良，校勘十分认真，受到学者的好评。总计浙江书局在清末以前所雕的版数为 128108 块。宣统元年（1909 年），浙江书局正名为官书印售所，归浙江图书馆。

武昌书局，虽不如江浙官书局，但所雕版印刷的《崇文书局丛刊》，所收的书籍，有些很有价值，如《隋书·经籍志考证》等，对历史和学术上的研究很有贡献。

在学校尚未兴办以前，清代各地书院也雕版印刷了不少书籍。武昌的勺庭书院、湖南的岳麓书院等所刻的书籍，很受欢迎。昆明的育材书院和五华书院，刻版印刷了一二十种书籍。江宁尊经书院，设尊经阁存有国学经典及《二十一史》版。到了晚清，南菁书院、西湖书院、格致书院等都雕版印刷了不少书籍。

2.清代的私刻

清代私家刻书，不仅数量很多，而且有不少的精本，刊刻的书籍，超过明代。清代刻本的特点是，搜集历代名著，考证校勘，印刷成书，广为流传。这时私家印刷出版的书，大多校审精细，雕刻精良，刷印优美，有较高的学术和使用价值。

我国从五代十国开始，直到新中国成立前，历代都有不少人以刻书为业，而以清代为最盛。私人刻书不能用只是为了赚钱一语概之，而是有其不同的目的的。但不管目的如何，它的客观效果，是促进了印刷技术的发展，保存下来了许多珍贵的文化遗产。

有些藏书家，因受过无书读之苦，一旦在事业上有所成就，又有力量刻书，就大量刻书，以使天下学者有书可读，把以刻书传播科学知识，看作人生的乐事。有的人因看到不少古籍面临散失湮没的危险，出于抢救古籍的动机，便力所能及，雕刻印刷，流传后世。有的人则通过刻书为自己立传扬名，因为他们觉得"其书终古不废，则刻书之人，终古不泯"。当然，也确有一部分人想以出书为赚钱的手段。

虽然动机不同，目的各异，但因从古至今，私人刊刻了大量的书籍，才使许多古籍没有散佚湮灭，其功劳和贡献是应该给予公正评价的。

清代私家刻书，首推周亮工。周亮工原籍河南祥符，以刻书为业，其雕版印书，有的书刻工非常精细，极负盛誉。

清代私刻，备具特色，多为书法名家写录。如清初王士祯的诗集《渔洋精华录》，是当时著名的书法家林佶缮写雕刻的，《诗续集》是黄仪写字雕刻的。当时较为著名的刻印有苏州黄丕烈的《士礼居丛书》19 种，特别是影刻宋代严州本《仪礼郑注》《国语》《国策》等，校勘既精，纸墨又佳，其刻本之精，几可乱真。苏州汪士钟所刻的《郡斋读书志》《仪礼单疏》等书，其后如聊城海源阁，常熟瞿氏的铁琴铜剑楼影刻的书，以及杨守敬、黎庶昌访日所藏古籍影刻的《古逸丛书》，都是仿刻善本，以极其精美而著称于世。

安徽歙县鲍廷博，家藏善本书多种，择其善中之善者 207 种，编为《知不足斋丛书》，经过精审、校勘而后雕版，取材缜密，刊刻认真，有的书无一二字之差错。广东伍崇曜所刻的《粤雅堂丛书》《岭南遗书》，仿《知不足斋丛书》，延请名士精心校勘。广东商人潘仕诚所编《海山仙馆丛书》，也依附风雅，广事传刻。可见鲍氏刻书态度严谨，很有影响。

乾隆时期的钱塘卢文弨，主张读书以贵实用，认为宋人所刻的书，未必尽善，提出要经过精心校刻而后刻版印刷。他所编印的《抱经堂丛书》，就是用多种版本对照，择其最好的版本刻版印成的。以后还有毕沅的《经训堂丛书》、孙星衍的《岱南阁丛书》《平津馆丛书》，校勘雕版印刷都很精湛，差错甚少。

江苏常熟的张海鹏刊刻《学津讨原》《墨海金壶》《借月山房汇钞》等丛书，共 420 种。

总之，这时诸家刻书风气空前炽烈，争奇斗艳，精益求精，刀工绝妙，字体秀丽，印刷精良。这样相互竞争，促使我国雕印技术达到了一个新高峰。

乾隆、嘉庆年间，私人刻书形成了一种仿宋影刻之风。所谓影刻，并不是现在的照相复制影印，而是照宋版的字体、版式，摹写模刻。这种风气，源于明代的汲古阁，到了乾隆、嘉庆时期，更为精审，可以和原本丝毫不差，有的简直达到了乱真的程度。这足以证明那时的书法和雕刻技艺已达到炉火纯青的境界。

黄丕烈在刻《士礼居丛书》时，将他所得的宋、元最佳刻本，请著名的校勘学家顾千里校勘，由刻工名手精刻精印，纸墨均优，是为清代的精刻本。

以后，江都（扬州）秦恩复刊印的《列子》《鬼谷子》《隶韵》等书，从校勘到版式，都非常讲究，当时号称"秦版"。

清代的坊刻本书籍，数量也相当可观，有些书坊经营历史悠久，雕版印刷的书籍很多。例如苏州席氏扫叶山房，从明代后期，一直发展到清末，刻过经、史、子、集、笔记小说、通俗读物等各类书籍达数百种。清末民初，还增置铅印、石印等较为先进的印刷设备，继续印书，有些书籍，一直流传到现在。南京、杭州等地的书坊刻书也不少。

北京的坊刻本也较多。据孙殿起、雷梦水所写的《记厂肆坊刻本书籍》

《满汉字书经》（清代北京鸿远堂刻本）

一文中说，清初书肆刻版发行者不多，到了清代中叶以后，琉璃厂书肆才开始有刻版印刷出售前人名著的。还列举了双峰书屋、三槐堂、文盛堂书坊、善成堂、五柳居、老二酉堂、文成堂、聚珍堂、文友堂、邃雅斋等20多家。乾隆年间的琉璃厂是书肆林立、刻书成风之地。东打磨厂还有书肆数家，专刊刻新书出卖。内城隆福寺街，也是书肆比较集中的地方，有三槐堂、带经堂、文奎堂等几家，有的开始经营旧书，因为旧书越来越少，而价格越来越高，所以也改为雕版印书。在北京的印刷作坊中，还有一家鸿远堂，于乾隆三年（1738年）雕版印刷过《满汉字书经》，是一部汉、满文对照的书。

第三编 独具中国民族特色的印刷

　　独具我国民族特色的木刻版画、套色印刷、木版水印、木版年画，不仅技艺超群，而且在印刷史上占有重要的地位。有的至今仍是世界上独一无二的，在印刷技术上处于遥遥领先地位。随着印刷术的发展，不但雕版、印刷的技术越来越成熟，而且书籍的艺术水平也在不断提高。从书籍的装订形式来说，大致上是由龟册、简策的简单装订开始，经过卷轴装，发展成为经折装、旋风装、蝴蝶装、包背装、线装等古代装订形式。每一种装订形式，都经过漫长而缓慢的演变过程，而每一种演变又和当时的经济文化条件、书籍的制作方法、使用的材料，以及人们对书籍的需要情况分不开。

一、木刻版画印刷

雕版印刷术发明后不仅用来印刷文字，也用来印刷图画。这种雕版印刷的图画称为版画，是我国绘画与印刷工艺结合的产物，具有很高的艺术价值，也是印刷领域里应用雕版技术的一个重要方面。

1. 版画的起源和发展

版画起源的具体时间，因无这方面的文献和实物，无从确定。但从有关因素推测，估计不会太迟。魏晋南北朝以来，发展了的中国画法——用线条组成画面，已经相当成熟，而线条是非常适合于雕版的。在印刷术没有发明的南北朝，就曾经把佛像雕刻在小块木头上，采用盖印的方法复印出来。如在敦煌就发现在一张纸或一幅丝织品上有许多形象相同的佛像。当然这种用盖印方式复制的画面不可能太大。在雕版印刷发明之后，由于印刷的版面比印章大，可以想象，必然很快就采用印刷的方法将雕版佛像印了出来。事实上，从现存的早期版画也可以看出版画起源较早，拿现存最早的标有确切印刷时间的印刷品实物——唐咸通九年（868 年）《金刚经》的扉页"说法图"来说，刀法纯熟，线条纤细而有力，刻工已相当熟练，说明它不是版画早期作品。可见版画起源在 9 世纪中期以前。

我国版画的发展顺序首先是宗教画，其次是实用画，最后是艺术画。

从我国绘画的历史传统看，实用画出现最早，为什么版画的宗教画倒先于实用画呢？这是因为南北朝时佛教已开始盛行。到隋唐时，佛教已深入民

《金刚经》扉页的"说法图"（唐代咸通九年刻本）

间，佛教徒认为诵经和广造佛像就是"修福"，所以在雕版印刷术发明以后，佛教徒很快就将这一技术用来大量印刷佛经和佛像，以致佛像版画在初期雕版印刷品中占有颇大的比重。

随着雕版印刷书籍的发展，实用画出现了。实用画可以分为实物画和工程画两大类。考订名物制度的版画，都以插图的形式刻在书内。据各家著录所知，宋代用"纂图"（"纂图"就是插图或附图的意思）命名的书籍就有不少。经书里的五经、《论语》，子书里的《荀子》《杨子》《老子》《庄子》《文中子》《列子》都有"纂图"。研究动植物的《重修本草》也有纂图。工程画是用来表达工程技术的，像宋代的《营造法式》等都说明了宋代刻图的传统继承和发展状况，也说明了版画应用的广泛。

在版画发展至高级阶段时，艺术画出现了。在宋代有文艺书籍的插图和专门画册，像南宋刻本《列女传》，就是流传下来的优美的插图书籍；再像《梅花喜神谱》这种专门的画册，也是南宋时开始出现的。这两部书的版画艺术性和技术性都很高。

版画从早期朴拙的版刻到后期把原本的绘画栩栩如生地再现出来，经过了一个漫长的发展过程。要了解版刻技术发展的轮廓，显然只有通过具体作品的比较分析。可是版画的种类那么广泛，既有人物画，又有山水花鸟图案，要全面介绍是有困难的。只能找具有代表性的作品。我们认为人物版画是有代表性的，因为我国版画艺术发展的主流并且出现较早的是人物画，山水花鸟画是以后才逐步发展起来的。所以在分析版画的艺术性时，应以人物版画为主。就镌刻技术来说，人物镌刻的难度最大，技术性最强，对人物画的技术发展有所了解，其他绘画也可类推。现在我们从金、元、明、清的版画中选出 8 张图进行比较，看一下版画的发展过程。

唐咸通九年（868 年）《金刚经》扉页的"说法图"、五代十国雷延美《观世音菩萨像》、金代赵城广胜寺藏《妙法莲华经》扉页和金代《四美图》。这

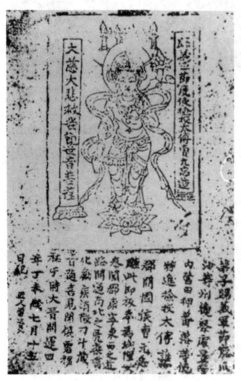

《观世音菩萨像》（五代十国刻本）

4 幅是属于早期的版画。它们有一个共同的特点，即体现了相当浓厚的宗教画画风。前 3 幅由于是佛经像，自不必论，但是《四美图》这幅非宗教性的招贴画式的版画，也同样具有浓厚的宗教画画风。这从四美的面貌（仕女画法上叫作"开脸儿"）、服饰、姿态上看，都和敦煌壁画中的"供养人"相仿。尤其是赵飞燕的人像，和那些供养人几无差异。人物的发髻、头部装饰、服装与据传为唐代著名画家吴道子所画的《八十七神仙卷》没有差异。而就每幅来看，又各具特色。《金刚经》扉页"说法图"，在处理众多人物的复杂构图上，无论是主宾位置，还是疏密布局，都很恰当；线条匀称，刀法锋利纯

熟，线条虽纤细而有力，并且从刻画的线条上可以看出毛笔的运用肥瘦适中，浑厚流利；画面上衬以花树烟云，具有了装饰趣味。《观世音菩萨像》虽比"说法图"构图简单，但刻画刀法却已变工整纤匀为粗放有力。《妙法莲花经》的扉页雕刻手法有了新的变化，即从浓厚的版刻味向绘画方向发展。

元代《新刊全相平话》插图"赵王赐李牧死"、明代《李卓吾先生批评北西厢记》插图"画眉"、清代《红楼梦》插图"黛玉"和清代《洗桐图》这四幅又表现出了另一特征，也就是更接近绘画的风格。如《新刊全相平话》插图，这是虞氏务本堂所刻。从整个画面来看，它是完整的一幅版画，画面上举酒的人物和马匹的纹样刻画宛如笔描，显示了人物画上运用线条的一大变化，即"衣带简劲"，既表现了镌刻手法，又表现了线条，简疏而有力。尽管还相当朴拙，不过这种变化的迹象是一望而知的。至于《李卓吾先生批评北西厢记》插图"画眉"、《红楼梦》插图"黛玉"和《洗桐图》所体现的这种变化就更明显了。清代著名画家改琦所画"黛玉"一图，在镌刻修竹、衣物等线条上，都表现得生动、流畅。这说明刻工技术已很精细、刀法也很纯熟，尤其是《洗桐图》，画面清新，人物生动，梧桐挺秀，其线刻已达到相当纯炼的境地。

版画之所以有这么高的艺术性，主要由于刻工与画工的紧密结合，以及刻工惊人的技巧，运用各种巧妙的刀法，把原图的精神面貌重现出来。从安徽、苏州一带刻工的刀法来看，就有平刻、流刀、斜刀、敲刀、卧刀、旋刀、卷刀、尖刀、转刀、逆刀等各种刀法。刻工通过这些刀法，熟练地掌握了运刀的刚、柔、轻、重、疾迅、转换，用以表现线条的转折、起伏，给人以鲜明的节奏感。

2. 版画发展的黄金时代

在我国版画史上，明代是黄金时代。明代是继宋代之后版画取得进一步高度发展的重要时期。尤其在明嘉靖后，人们大量地刻了一些小说、戏曲等民间通俗文艺书籍，因在这些书籍上，大多附有插图，版画也达到了空前繁荣的地步，不仅文艺书籍插图精美，而且艺术性版画也有了崭新的创作。

版画不仅有强烈的时代风格，而且出现了显著的地区性风格，出现了徽州（新安）、建安、金陵等流派。

徽派是新兴的版画流派。这个独步一时的艺术派别，是由它的发祥地徽州府得名。徽州府属歙县，有一个村庄叫虬川，也叫虬村。这里仇姓是个大族。明孝宗弘治年间，仇以寿、仇以忠、仇以才等兄弟，合开了一个刻字铺，其中也有一些黄姓的人，从事刻书、刻图。明弘治七年（1494年），仇以才刻的《赤壁赋》，小本大字，每行四字，字大径寸，纯粹是米芾遗笔，仿刻逼真，可备临摹之用。后来，仇氏衰落，黄氏代之而起。郑若曾《筹海图编》嘉靖本刊刻的参与者有黄琼、黄铨、黄汶等多人。其中黄铤不仅是雕镂名手，而且还能创作画稿。到万历以后，黄氏一门成为版画专业的刻工。刻《仙媛纪事》的黄德宠，所刊刻的线条，由粗豪质朴，转变为俊秀婉丽，树立了徽派的独特风格。黄氏名家辈出，把徽派版画推上了高峰。从明万历到清康熙，还有徽派汪士珩刻的《唐诗画谱》、汪成甫等人刻的《吴骚合编》、洪国良刻的《怡春锦》、刘荣刻的《凤凰山》等。这些优秀的刻工，所刻各书插图，线条秀丽有劲，刀法精妙入微，为书增色不少，而且由于绘刻俱精，成为研究绘画的良好范本。在徽派的影响下，福建、浙江、金陵等地的版画艺术，也出现了很多瑰丽作品。

建安是老出版中心，刊刻插图书籍历史悠久。建安版画的特点，不同于徽派版画的绵丽，人物刻画入微，刀法圆活流利生动，而是粗豪俊美、深厚古朴，这可从明正德六年（1511年）杨氏清江书堂刻的《新增补相剪灯新话大全》和天启年间清白堂刻的《七种争奇》插图中看出来。

金陵派版画出现较晚，受徽派技术影响较深。它的特点是布局疏朗，线条秀劲，人物生动。这可以从1573年金陵富春堂刻的《新刻出像增补搜神记》6卷中看出来。

在上述各派的影响下，全国各地如苏州、吴兴、杭州、北京也出现了优秀的版画作品。这里就不一一介绍了。

关于艺术性的画册，明代也有一个高度发展的时期。这里只介绍《高松画谱》。

高松是嘉靖年间河北文安人，工诗文，善书画，尤擅松、菊、竹子以及翎毛等。《高松画谱》究竟刻了几种，已经不太清楚，行世者只知有《竹谱》《菊谱》和《翎毛谱》。《竹谱》原本已经流出国外。1959年中国书店访得《菊谱》和《翎毛谱》，写绘都据手稿上版，是版刻画谱中较早的作品，而且科学地总结了画法规律，并用口诀的方式简要地表述出来，给后来的画谱开辟出了新的道路。清康熙《芥子园画谱》就是师法了《高松画谱》。这部画谱是学习国画和研究版刻极为珍贵的资料。

明代版画之所以能有这样高度的成就，主要原因是刻工发挥了高度的智慧，能善于和当时的画家密切配合，互相映衬；画家也为刻工们精绘底稿。

《高松画谱》（明代高松刻）

总之，明代是中国版画艺术史上的黄金时代。

清代在乾嘉以前，大体上保持了明代的流风余韵。如清初所刻陈老莲《博古叶子》、肖云从《离骚图》《太平山水图》，都有很高的艺术价值。康熙一朝（1662年—1722年）所刻的版画，大部分活泼生动，精工可喜。当时的名画家刘源、焦秉贞，名刻工朱圭等人合作的作品，都算上乘。不过，这一时期的版画只保持了旧有的水平，而不能再辟蹊径，到19世纪就更加衰落。

二、木版套色印刷

我国古代传统的单色雕版印刷技术自唐代初期发明之后，经五代十国、宋代，历时六七百年，到元代和明代，又先后发明了雕版套印和彩色印刷技术，使雕版印刷术出现飞跃性的发展。尤其是技艺复杂的彩印技术的发明及应用，改变了传统雕版印刷的单一色彩，为近现代印刷术奠定了技术基础，意义重大。

1. 木版套色印刷的起源

木版套色印刷，也是我国发明的。相传在东汉时期，我国就有一些研究儒家经典著作的学者，为了把《春秋》的正文和注释区别清楚，在抄写时正文用红色写，注释用黑色写，红黑分明，看起来醒目。这种方法，越传越广，到了唐、宋，非常盛行，那时叫朱墨抄本。

我国套色印刷技术始于何时，至今仍无结论。明万历时福建侯官（福州）人曹学佺著的《蜀中广记》记有北宋曾用铜版以青、蓝、红三色套印"交子"，因而有的学者主张北宋时就有了套色印刷，但北宋时的套色印刷实物，至今没有发现。过去有的人，只是根据已经掌握的实物来确定时期，因而不少人断定套色印刷始于明代，因为有当时掌握了彩色套印的《十竹斋笺谱》。20世纪40年代，发现元（后）至元六年（1340年）的朱墨两色套印的《无闻和尚金刚经注解》，又有人断定套色印刷是元代末年开始的；1974年发现了辽代的彩色套印的佛像佛经，因而又有更多的人认为是辽代。这就把我国套色印刷的年代从明末提前到元末，又从元末提前到辽代。从时间来说辽代的套印比元末的时代提前约 300 年，比明末提前约 600 年。这一事实，说明了我国套色印刷随着历史文物的发现，时间越来越提前了。

《无闻和尚金刚经注解》（元代木版套色印刷）

我国在五代十国时期，就有用淡墨印刷佛像，用浓墨写上佛名，再用手工涂染彩色的印刷品。在敦煌发现五代十国的《圣光白衣菩萨像》，就是用手工填色的。发现的辽代套色印刷物，其印制方法，既有彩色套印，又有手工染色，这说明辽代的套色印刷在技术上既有继承，又有提高和突破。

1974 年，在山西应县木塔中发现辽代的彩色雕版套印的《炽盛光九曜图》和彩色漏印的《南无释迦牟尼佛像》等 7 件印刷物，从中既可以看出辽代民间画工的功力，又可以看出当时雕刻技术，刀法圆润，线条清晰，刻版精细，套印准确，比唐咸通时期的《金刚经》，画面结构更加复杂，雕版技艺更加精湛熟练。这些世界较早的套色印刷物，充分地显示了我们的祖先无论在绘画艺术，还是印刷技艺上，都具有无比的智慧。这些印刷物对研究辽代印刷史和中国印刷史都是极其珍贵的文物。

在这 7 幅套印画中，有 3 幅是《南无释迦牟尼佛像》，人物的形象和轮廓是印刷的，面部的五官和手足是用笔墨手工勾画的。这种方法，今天看起来似乎很笨拙，但在当时确实是一种惊人的突破。这 3 幅套色印刷物，可能是丝漏印刷的。先制成两套漏版，漏印了红色，再换版漏印蓝色，然后用笔染上黄地，这和当时民间漏印染花布的方法基本一致。由于这种方法不易精细，所以人物的眉、眼、口、手、足等都是用笔加工的。

用白麻纸雕版印刷的《炽盛光九曜图》，是先印刷出通幅线条，然后再用毛笔着色。这是我国到现在为止，发现的最大的立幅木刻印刷着色的佛画像。画面结构整齐，人物布置得当，二十八宿的形象，生动地显现在画面上。有的神态肃穆，有的虔诚慈善，有的面肌丰满，有的形貌枯瘦。这样一幅

《炽盛光九曜图》（辽代印刷）

纵 120 厘米、横 45.9 厘米大的幅面，能够一次印成，是雕版印刷技术的一大进步。这幅画雕版线条遒劲圆润，运刀行止，分寸得当，运用自如，深浅适度，形象准确，精细入微，真是一刀过之或一刀不及都会减少画面美感，这充分反映出雕刻工匠熟练自如的技艺。

彩色套印的《南无释迦牟尼佛像》等印刷物的发现，具有重大的意义。首先是推翻了套色印刷技术始于元代的说法。虽然这些套色印刷物没有明确的年代，但与同时发现的辽代其他印刷物互相对证后，普遍认为是辽代统和年间印刷的。

在没有发现辽代的套色印刷物以前，几十年来，人们一致认为，新中国成立前在湖北江陵县资福寺发现的《无闻和尚金刚经注解》是中国也是世界上最早的套色印刷物。

2. 木版套色印刷的发展

最早的木刻套印，是用几种颜料涂在一块雕版上印刷的。比如一本书正文是红色，点注是黑色，就把朱色涂在正文上，黑色涂在点注上，然后覆纸刷印，就印出两色或多色的书来，当时称为"朱墨本"或"套印本"。印画也是这样，把红色涂在花上，绿色涂在叶子上，棕黄色涂在枝干上，就能印出五颜六色的花来，但是这种办法费工费事，容易脏污，效率很低。后来又发明了用几块版套印的方法，这就是按原稿需要多少颜色就刻多少块版，然后再按颜色的先后次序一色一色地印。这种套印方法，对雕版的尺寸规格要求都十分缜密，印刷时要将版精确地放在固定的位置上，不能有一丝一毫的移动，操作必须仔细认真，一丝不苟，这在当时没有精密的量具和卡具的情况下，需靠熟练的技巧和严肃认真的态度才能套印准确。所以说套色印刷的出现，把印刷技术又向前推进了一大步。

从辽到明中叶以前，在这漫长的时间里，没有发现新的套色印刷的书籍，也没有看到有关套色印书的记载。直到明万历十七年（1589 年）胡应麟在其著的《经籍会通》中才提到"双印"的书，这显然是指用两种颜色套印的书。

我们今天能见到的套印书籍，绝大部分都是万历年间的。较早的有《闺范》，以后有滋兰堂刻印的《程氏墨苑》《花史》等彩色套印书籍。有的编者和雕版印刷工匠都是安徽歙县人，所以有人认为当时歙县可能是套印和彩色印刷的中心。其代表人物是汪廷讷和胡正言。他们编纂、绘画、刊刻的彩色套印书籍，在中国美术史、出版史和印刷史上都有一定的地位。

汪廷讷是一个博学能文、以著书刻书为自娱的人。一生著作很多，现存世的有《狮吼记》等 6 种，都有精美插图。在金陵自设环翠堂书坊，刻书多种，多数附有插图。他于明万历年间雕版印刷的《人镜阳秋》，由名家汪耕画插图，雕镂名手黄应祖先刻版。绘画、雕刻都很精美，版式宏伟，极其精丽，是徽派版画的代表作。日本已于 1669 年翻刻出版，近年又有缩小影本。明万历三十七年（1609 年），汪廷讷雕版印刷的《坐隐先生精订捷径棋谱》卷首附有《坐隐图》长卷一幅，也是汪耕画、黄应祖雕刻的。绘画和雕刻都极为精

《程氏墨苑》（滋兰堂刻本）

细，人物线条细若毛发，山石皴点一丝不苟。

明万历年间吴兴的闵齐汲、闵昭明和凌濛初、凌瀛初、凌汝亨两大家族所刻的套印本较多，流传下来的也较多。吴兴在明嘉靖以后，逐渐成为刻书的中心，其技术超过了福建和杭州。万历四十四年（1616 年）闵家用套版印成《春秋》《左传》《明珠记》等，以后又有松筠馆刻套印本《孙子参同》，正文用黑色，眉批注和标点用红色，看起来很悦目。以后这两家互相竞争发展套印书籍，所雕版套印的书籍，分别被称为"闵刻"和"凌刻"。清俞樾在《春在堂随笔》一书中说：明万历年间，乌程闵齐汲首先刻"朱墨本"，最初套印大都是朱墨、绿蓝和绿黑两色，以后又发展了三色、四色和五色，甚至还有六色。书籍红黑分明，清楚醒目，能够引起阅读兴趣，这把雕版印刷技术又推进到一个新的阶段。

苏州在万历以后，因受版画影响，也出现了一些彩色套印书籍。吴县钱谷悬馨室，刻的宋朱长文《吴郡图经续记》等书，刻工极美，印刷甚优。长洲陈仁锡阅帆堂于万历四十二年（1614 年），曾刻过《陈百杨集》《石田先生集》等，字仿赵孟頫体，写刻都很精良，在当时是别具一格的。

有人说明万历、天启年间，徽州、吴兴和南京是三大彩色套印中心，恐怕是有一定根据的。南京种文堂在天启元年（1621 年）用两色套印了《苏长公密语》16 卷。

到了清代，不仅有精刊的四色套印本，如内府所刻的《古文渊鉴》；同时还发展到了绚丽多彩，振神悦目，刻工精致的五色套印书籍，如康熙年间的《康熙曲谱》；道光年间涿州卢坤刻的《杜工部集》，所辑明、清两代五家评语，分别用紫、兰、朱、绿、黄五色印刷，再加上正文黑色，已经是六色套印了，这在现代一般文字书中也是罕见的。广州云叶庵、粤东翰墨园也先后套印过五色书籍，有"套板印本广东人为之最精"之说。此外还有用五色套

《劝善金科》（清乾隆年间内府刻五色套印本）

印的《劝善金科》和《西湖佳话》等书，刻工精美，印刷清楚，套印准确，在技术上达到了一个新的水平。

　　古代有些彩色印书，经历的时间很久，但不褪色。正像鲁迅所说的，古之印本，大约多用矿物性原料，所以历久不褪色。清代刻本《西湖佳话》一书的版画插图，就是用彩色矿物性颜料套印的。

三、木版水印

木版水印，是我国明代印刷史上的一项重大发明，至今仍是世界上独一无二的印刷技艺。因为这种印刷方法使用的印版是用梨木雕刻，称为"木版"；其印刷方法，不用油墨，而是用水调和所需的颜色进行印刷，称为"水印"。木版水印是用绘画的颜料和纸张复制形成具有浓淡轻重色调的中国画，它充分反映出我国绘画和雕版印刷的技术水平。

1. 以假乱真的木版水印

木版水印，就是用小版，依照画稿原来的色调、深浅浓淡、阴阳向背，绘画成各种分色印版，然后根据次序分别固定在印刷案板上，刷上与原画相同的颜色，然后再套印或迭印，力求使印出的画稿，能表达出与原稿同样的艺术神韵。因为这些小版堆砌拼凑在一起，就像古时一种叫饾饤的食品，所以明时称为"饾版印刷"。

现代印刷可以充分体现原画的色彩和精神面貌。可是无论印得怎样精致，总可以辨认出它是印刷品，不可能与原画完全一致。而我国的饾版印刷技艺，却完全可以达到与原画乱真的地步。

为什么木版水印的复制品能达到乱真的地步呢？为了探明这一奥秘，有必要把它的印刷过程略做说明。木版水印的制作分勾描、刻版和印刷三步进行。

第一步是勾描。勾描是由画师将画稿上所有同一颜色的笔迹划归同一版廓内，画面上有几种颜色，就分几块版。一种颜色划好了，再划第二种颜色，一直到划完画稿中所有颜色为止。然后按照分好的版面用墨线勾在一张张透明纸上，要求将原画的色墨笔触如实地反映出来。这时原稿上的深浅浓淡层次，全部成为单一的黑色刻稿，便于镌刻。

饾版印刷用的版台

第二步是刻版。刻版是刻工将勾有墨线墨块的透明纸反贴在木板上，根据墨线或轮廓雕刻，雕刻时还要参考原作，持刀如笔，不仅要不失原样，还要保持原作精神。

第三步是印刷。印刷是将刻成同一色度的各块饾版放在印纸画面对应部位上，务求准确无误，然后依次叠套印成，印时敷彩上水要做到干湿适当，同时还要注意刷印手法的轻重缓急。

正因为勾画出来的分解图样和雕刻出来的画版形象都与原作的相关部位一模一样，叠印的位置又不差毫厘，所以印出的成品，无论形象或色泽都和原画一样。而且画师、刻工和印工还都有一定的艺术修养，在勾描、雕刻、印刷过程中都充分注意体现原画的笔意与风格，不仅做到了形似，而且做到了神似，加上木版水印是实地印刷，没有版网，不用油墨印刷而用色墨水渍，所用颜料纸张又力求与原画一样，所以成品能达到乱真的地步。

创立于清朝末年的朵云轩，从事木版水印有悠久的历史。新中国成立前朵云轩仅能制作诗笺小品之类，新中国成立后木版水印技术得到政府和社会各界的重视，有了很大的发展，不但能复制画面较为复杂、尺幅较大的工笔重彩和泼墨写意的中国画精品，而且达到了形神兼备、真假难分的境地。据朵云轩

齐白石《青蛙》（朵云轩木版水印）

的专家介绍，该店复制的齐白石《青蛙》图，竟被其他书店误当原作而收购。

相传有一天，齐白石老人到朵云轩，店家拿出一帧《虾》让他来鉴别，齐白石老人竟然难辨真伪，可见朵云轩的木版水印达到了何等境地。还有一次，南京老画家钱松嵒先生途经上海，与老伴一起来到朵云轩大厅观赏书画，突然发现他给朵云轩出版的画竟在标价出售，颇为不解，因旅途匆忙，来不及弄清事情真相，便带着一桩心事离开了上海。时隔不久，他收到朵云轩送还的原稿和木版水印复制品样本，打开一看，才恍然大悟，原来他在朵云轩大厅见到的是一件复制品。老画家转怨为喜，不由得惊叹起朵云轩木版水印技艺的高超。类似的事情时有发生，很多人往往只有从装裱的新旧上，才能看出原作与复制品的区别，而用同原作相仿的材料装裱复制品，是朵云轩的又一大特色，真假也就真的无从辨别了。为了辨别真伪，许多收藏家不得不求助于朵云轩的专家们。朵云轩曾收到一封外国来信，信中附有一张齐白石画的《红牵牛花彩照》，寄信人询问他们可有木版水印复制品出版过，他怕出了高价买下的这张艺术大师的作品，是一张木版水印的复制品，因为海内外的收藏家都领教过朵云轩木版水印的技艺。

2. 古代木版水印的精品

我国古代的书籍，很多用中国画做插图，不论过去已经发现的唐代印刷物，或是新近发现的辽代印刷物，都图文并茂，特别是辽代的印刷物，已经把雕版套印和手工着色结合起来了，把绘画和印刷结合起来了，这就为我国特有的木版水印打下了基础。

到了明万历年间，正是木刻版画极盛时期，雕刻木版的技术有了新的提高。有人采用将颜色涂在版上的方法，印刷了一部彩色的花卉书《花史》。书中的花印的是红色，叶子印的是绿色。不久又有人用同样的办法印了一部《墨苑》，但是由于技术不够熟练，版色不匀，所以色彩灰暗，模糊不清，不够理想。

明万历以后，先后有吴发祥、胡正言等人，对旧的雕版工艺和印刷技术，做了重大的改进，不论是雕刻木版，还是套色印刷都相当精致，达到雕刻精细，印刷优良，颜色协调，画面洁净，惟妙惟肖的境地，就是用今天的眼光来看，也不得不令人叹服。

吴发祥生于明万历六年（1578年），是一位谦虚谨慎、勤奋刻苦、学问渊博的学者，也是一位热心于出版印刷事业的人。

明天启六年（1626年），吴发祥在金陵用木版水印的方法印出了彩色的《萝轩变古笺谱》，全帙两卷，共184面，分上下册。这是我国现存最早的一部用饾版、拱花印刷的笺谱，其刻印之精良，堪称稀世珍品，在世界印刷史上也是绝无仅有的。历代传说其早已散佚，1963年在浙江发现一部，现存上海博物馆。

《萝轩变古笺谱》，多用线条勾勒，木刻气味浓重，色彩沉穆淡雅，无

《萝轩变古笺谱》（明代吴发祥印）

论是山水花鸟，还是博物题字，都刀锋精细，深厚有力，简练精粹，富有质感，耐人寻味。其中拱花部分（"拱花"技艺是用刻好的线纹或块面版，不施颜色，而用压印的方法，像现在的钢印一样，使线条块面像浮雕一样突出，呈现出凹凸的立体感）约占三分之一，无色压印凸出，精湛绝伦。颜继祖在小引中赞之为："翰苑之奇观，文房之至宝。"

在《萝轩变古笺谱》小引中还有这么一段极其生动的文字："颛精集雅，删诗而作绘事，点缀生情；触景而摹简端，雕镂极巧。尺幅尽月露风云之态，连篇备禽虫花卉之名。大如楼阁关津，万千难穷其气象；细至盘盂剑佩，毫发倍见其精神。少许丹青，尽是匠心锦绣；若干曲折，却非依样葫芦。"从这些字里行间，可以看出作者对雕刻印刷工匠的赞叹敬佩之情。

1981年，上海朵云轩按照《萝轩变古笺谱》的原本尺寸，雕刻复印出版，深受国内外学术界的称誉。这个复制本，无论在勾描、刻版、印制、装订等工艺上都力求符合原作。在勾描时做到了勾出原形，显示其神；刻版时下刀的深度、坡度以及执刀的形状，都恰到好处；印刷时做到用力刚柔相济，印

出的花纹清晰，层次丰富，达到了既形似又神似的效果。从这里可以看出，我国的这一传统的印刷技术，后继有人，而且印制之精致，大有后来居上、青出于蓝而胜于蓝的可喜趋势。

继吴发祥之后的胡正言，对木版水印又做出了很大的贡献。胡正言，明末徽州人，约生活于1580年到1671年，多才多艺，既懂医理，又精研六书，贯通五经，还擅长金石篆刻，精于制墨绘画，是一个"清姿博学，尤擅众巧"的艺术家。因为爱竹，在南京鸡笼山侧的寓所，经常种10余株竹子，所以他的住所就取名"十竹斋"。

胡正言的"十竹斋"，是一个印刷作坊，经常有十几名刻工。正是这些名不见经传的刻工们，用自己精湛的技艺，和胡正言密切配合，为中国的印刷事业留下了不朽的作品。胡正言的传世杰作《十竹斋书画谱》，大约开始于明万历四十七年（1619年），到明天启七年（1627年）刊成，前后大约花了8年的时间。这部画谱共有书画160幅，收集了当时和前辈名画家、名书法家的许多作品。它突破了前人粗放泼辣的风格，讲究精雕细刻，细致入微，追求花鸟的动态，注意浓淡粗细，线条明晰，画面润泽，从而形成了木版水印复制品初期的风格。《十竹斋书画谱》出版不久，就有仿效翻印的，以后各种翻刻、影印本不下20种，可见原本之珍贵，影响之深远。

胡正言木版水印的另一部作品是《十竹斋笺谱》，于清顺治二年（1645年）在南京雕版印成。这部笺谱，原稿画得十分精巧，雕刻工匠则得心应手地体现出了原稿的神韵、情趣，印刷工匠又能恰到好处地体现出原稿画面色泽鲜艳、浓淡相宜的风采，使笺谱上的花卉虫鸟形象逼真、栩栩如生，故此笺有画、刻、印三绝之誉。

那么，"十竹斋"为什么会出现这么多的艺苑奇葩呢？

南京是明代后期版画三个

《十竹斋笺谱》（明代胡正言主持雕版印刷）

流派盛地之一。这里的刻工，不少出身于徽派版画诞生地的歙县、休宁，他们在南京从事雕版，创出了自己的新风格，而被誉为金陵派，和徽州派、苏州派并称。"十竹斋"的多才多艺的主人，也是来自徽州休宁，和刻工们应属同乡，加上其自己也从事一些艺术活动，自然容易选聘一些技艺好手。主人与刻工之间的关系，不像一般的雇佣关系，倒像一个研究小组。主人对工人们"不以工匠相称"，而用平等态度"共同研讨"，这种活动，竟是"十年如一日"。

四、木版年画印刷

在我国古老的套色印刷中，木版年画印刷有自己的特色。年画在我国历史悠久，流传很广，几乎全国各地都有制作生产年画。历史上较久的是河南朱仙镇，但以天津的杨柳青、苏州的桃花坞、潍县的杨角埠三地最为有名，被誉为我国三大木版年画的产地。此外，四川绵竹、陕西凤翔、山东平度、河北武强、广东佛山等地产的年画，也很受广大群众欢迎。

1. 年画的早期形式——门神画

"放鞭不如点蜡，点蜡不如挂画"。新春佳节，万象更新，买几幅色彩鲜艳的"五子闹丰登""霸王别姬""牛郎织女鹊桥相会"年画，悬挂在自己的屋子里，顿时会使室内生辉，大有辞旧迎新的年味了。

但你知道年画是从哪朝哪代开始兴起的吗？

年画的最早形式是"贴门神"。人类在原始社会是穴居的，到夜晚蹲在洞穴里，十分害怕，总以为有神有鬼，后来有了房屋，才有了门，但对自然界的雷雨闪电等还是没有认识，就在门上画些神、虎之类，借以慰藉。如《礼记·丧服大记》郑玄注："君释菜，礼门神也。"1978 年夏，湖北随县发掘擂鼓墩战国早期曾侯乙墓，在棺左右侧板上的户牖纹旁，绘有拿双戈的怪物，虽然不能定名为门神，但它是最早的户牖旁之绘画。《周礼·春官》载"师氏居虎门之左，司王朝"，是说周天子在他办理国事的房子门外画一猛虎做守卫，这可说是画门神的最早记载。在蔡邕的《独断》、应劭的《风俗通义》

及《山海经》里，都记载了黄帝时，神荼、郁垒能守门捉鬼。于是人们画神荼、郁垒于门上，希望以正压邪，保佑安宁。南朝梁人宗懔《荆楚岁时记》有"正月一日，绘二神，贴户左右，左神荼，右郁垒，俗谓之门神"之句。

关于门神，在民间还流传着这么一个故事：

据说唐太宗李世民做了皇帝以后，有一天忽然得了病。太医诊断后吃了汤药睡下，睡至三更半夜，突然听见令人毛骨悚然的鬼叫，李世民惊吓得冷汗如雨，直到天明再没合上双眼。第二天早朝，李世民把昨夜情景向群臣一一叙述，群臣惊诧不已。为保龙体安寝，开国大将秦叔宝和尉迟恭自告奋勇，替李世民守夜捉拿妖鬼。

当天夜里，秦叔宝和尉迟恭全副披挂、仗剑执锏，一人居左，一人立右，守候于宫门两侧。唐太宗当夜睡得十分安稳，没有听见鬼叫。自此以后，两员老将夜夜侍立宫门两侧。后来唐太宗不忍于二位老将劳烦，便命人画下了秦叔宝和尉迟恭的画像，贴挂于宫门两侧。这件事很快流传开来，人们把秦叔宝、尉迟恭尊为真正的"门神"。时间久了，许多人家也仿效唐太宗的做法，

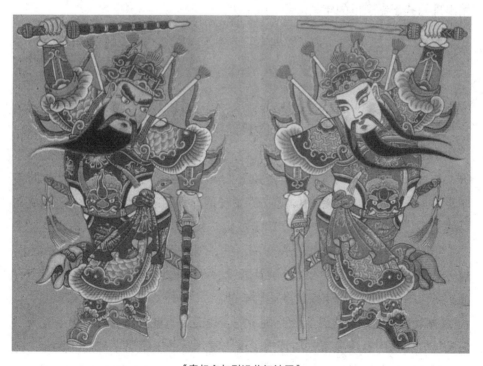

《秦叔宝与尉迟恭门神画》

每逢春节，把两位老将的画像贴于大门两侧。由于当时木版印刷术的发明，隋唐时期的木刻门神画开始兴起。神荼、郁垒的画像不仅逐渐被秦叔宝、尉迟恭的画像所替代，桃木版或直接画在纸上的年画，也渐渐由木刻画取代了。

唐代，民间还有将钟馗作为门神贴于门首的。钟馗是驱邪斩鬼之神，生前秉性正直，才高貌丑，遭谗被贬，满含悲愤碰死于后宰门以示抗议，死后决心消灭天下妖孽。相传唐明皇于病时梦见一大鬼捉一小鬼啖之，上前问，大鬼自称钟馗。唐明皇醒后便令画工吴道子绘成图像。到宋代时钟馗已成为门神的主要形式。唐末多在端午节悬挂钟馗之像，五代十国时悬于除夕，门画中的钟馗都穿大红官衣，姿态变化很多。民间悬挂钟馗之像除了驱邪斩鬼之外，又突出福自天来、恨福来迟等吉祥的含意。

宋朝时期，门神画有了很大的发展，福建泉州的木版门神画中，印有许多秦叔宝和尉迟恭的画像，画面清晰，线条柔畅，形态威严逼真，很受人们的欢迎。

门神画是年画的原始形式，随着宋代着色技术和套色木刻画的发展，开始出现悬挂于屋子里的年画。

2. 木版年画的发展

中国发明了雕版印刷以后，首先广泛利用这一工具进行宣传的就是宗教。唐代出现了大量的宗教画，如当时广泛流传的《千佛像》等。受印刷这类宗教画的启发，非宗教的木刻年画产生并发展了起来，可见宗教画的产生同年画也有着密切的联系。新中国成立后发现的《隋朝窈窕呈倾国之芳容》《义勇武安王位》两幅作品，约刻于南宋或金、元时代，前者刻的是班姬、赵飞燕、王昭君、绿珠4位古代美人立像，后者刻的是关羽和关平等5个人的画像，这两幅画面的构图、人物刻画及画风，可以说是一种装饰画或装饰年画，而这种风格是离不开唐宋宗教壁画影响的。

《隋朝窈窕呈倾国之芳容》一画中的4位美人，就是汉成帝宫中后立为皇后的体轻善舞的赵飞燕；曾经怀抱琵琶出塞和番的王昭君；班彪的女儿，曾继班固完成汉书的班姬；晋朝石崇的爱姬绿珠。画中绿珠和赵飞燕立于前列，王昭君、班姬站在她们的后面。绿珠面向左，其余三人都是面向右，这样巧妙地在构图上集中了视线，使画面左右呼应而又不呆板，达到了多样统一的效果。人物表情刻画得庄严而又宁静。此画有相当浓厚的宗教画画风，4位美人的面貌、服饰、姿态，都同晚唐壁画中的供养人相仿。赵飞燕画像更是毫无差异。人物的发髻、头部装饰、服装和唐代吴道子所画的《八十七神仙卷》中的很相像，甚至有完全一样的冠饰。

到了明代，木版年画就已有了很大的发展，但是保存下来的作品很少。明万历二十五年（1597年）的《寿星图》中间画有寿星、两童子，下面绘有八仙，后衬自然景物，上端横刻题字。明隆庆元年（1567年），杨柳青

《隋朝窈窕呈倾国之芳容》（宋代木版雕刻）

绘的《寿星图》，绘刻得较早一些，两幅画都绘刻得比较精细，人物浑然高古的道貌、设色浓厚沉滞的色调，代表了明代中期年画的形式或格调。从作品中还可以看到当时艺术家在木刻技法上有了新的创造，并发展了原来黑白线刻人物形象和性格刻画的水平。万历年间的《寿星图》更多地吸收了绘画的特点，运用了多样复杂的刀法，并加强了自然景物的衬托，追求古代人物绘画所达到的境界；追求饱满的构图、多层次的色彩变化。在那时大约就有了套印彩色年画。

年画发展到明末，随着木刻的兴起，木版年画也逐渐走向繁盛，但年画的真正繁盛是到了清雍正、乾隆年间。为什么到这个时期才得到繁荣发展？主要原因是社会经济文化的发展。在雍正、乾隆年间，国内战争已经基本平息，商业得到发展，国泰民安。另一个原因就是年画经过宋、元、明时期，由于表现范围的扩大和技法的提高，年画的内容、形式更加多样化。这一时

《仕女戏婴图》（杨柳青刻本）

期木刻年画已在民间流传，受到群众的喜爱。同时由于经济的好转促进了人民对文化生活要求的提高，加上当时画院普遍建立、文人画发展、西洋绘画传入、风景版画的提倡等，都无不促进了年画的兴盛和发展。

清初雍正、乾隆年间的年画，主要以北方杨柳青和南方苏州桃花坞为代表。

明时方志称杨柳青叫"柳口"，因当地杨柳茂盛而得名。光绪年间全村共有7000户，由于地处运河旁，交通发达，水运方便，风景如画，所以有人曾把杨柳青称作为北方的"小苏杭"。叙及年画艺术，当时村中有句成语："家家都会点染，户户全善丹青。"杨柳青年画创始于明代，历史悠久，质量较高，可以说它在北方或全国首屈一指。

桃花坞，是苏州城内西北角的一条街道，据说古时这里桃花很多，明朝画家唐寅曾居于此地。使这条街道驰名的原因主要是它那誉贯中外的桃花坞民间年画。桃花坞木版年画大致产生于明末清初。苏州从明朝起，商品经济就已迅速地发展起来，它一直是江南工商业的中心地区之一，经济的高度发展促进了桃花坞年画的发展，又由于当时桃花坞年画艺术吸取了南方徽派、金陵派的雕版套色技术及欧洲的焦点透视和明暗画法，使当时桃花坞年画在南方名列第一。桃花坞兴盛时期的年画作品，以描绘风景为主，就是在带有情节性的作品中，作者也把这些风俗和故事组织在以建筑物为主的风景画中。

从这两地当时的年画艺术来看，都具有较高的艺术水平。当时的题材仍然可分为两大类，但这时年画中的"欢乐吉庆"之类的题材，以及民间故事、戏剧情节、仕女娃娃之类的题材，有了很大的发展。它表现了人民新年欢乐的情绪和对生活的美好愿望；对英雄人物的向往及对秀丽自然景物的热爱。但由于当时历史的限制，很多的作品表现了封建的道德观念和理想。

当时很多作品在内容上强烈地反映了当时社会的特征：社会安宁、商业经济繁荣发展，以及文化艺术提高。如桃花坞年画《姑苏万年桥》反映了当时的社会生活及工商繁荣的景象。《姑苏万年桥》是乾隆九年（1744 年）刊印的，作品以俯视的构图描绘了万年桥景观。万年桥在苏州阊门外，这一带正是当年万商云集的经济昌盛地带，在乾隆五年（1740 年）政府改建了万年桥，以适应城市发展及交通运输的需要。此画就是表现了当时万年桥的建筑，以及桥两岸繁盛的市容面貌。像这样的作品还有一些，如《苏州阊门图》《略历大小图》《大庆丰年》等作品也从各方面反映了当时的社会生活。

另外，这时的仕女画已不再是古典美人了，而是时装人物。如杨柳青年画《三美图》《叶戏仕女图》《麒麟送子》《戏娃娃》《秋声图》等仕女的服装、发髻及人物动态、环境的安排都完全是当时流行的样式。反映了雍正、乾隆、嘉庆年间不同的妇女面貌。

年画能够这么广泛传播，是同雕版印刷术的发明和发展分不开的。可以这么说，没有雕版印刷术，年画就无法成为这么广泛的传统的艺术形式。随着印刷术的不断发展，年画的印刷方法也不断改进，由单色发展成为多色，由手工敷彩发展成为多色套印。在套印技术上，也多种多样，既有雕刻版印，又有木版水印；既有一色多版，也有一色一版，使年画更加绚丽多彩，引人喜爱。

五、书籍装订方式的演进

现在的书是印有文字的纸片叠在一起装订而成的，可是古代的书写材料开始时不是纸而是甲骨、竹简和缣帛，书的装订形式也就与现在不同。甲骨用牛皮条穿在一起，竹简编成帘子的形式，帛书采用中国字画的卷轴方式。一直到纸广泛应用之后，书才由卷轴逐渐改为叶子，进而发展到现在的形式。可以说现在书的装订形式是经过长时期的变革逐步发展形成的。

1. 甲骨、竹简和缣帛的装订方式

甲骨是殷商和西周时期用的书写材料，也是我国最早的书写材料之一。我国最早的典籍《尚书》曾有"惟我殷人，有典有册"的记载。既然殷人的主要书写材料是甲骨，似乎甲骨已经以书籍的形式出现了。近年来有关甲骨文的研究完全证实了这一点。《说文解字》说"册"字的古文是"冊"，而甲骨文也有一个"冊"字，说明甲骨文的"冊"字就是"册"字，甲骨的确以书册的形式出现了。至于甲骨文的册究竟是什么形式，也可从象形的"冊"字得到启发。"冊"的形象是一个带状物把几个片状物捆在一起。由于每块甲骨都有个孔，联系"冊"字的形象，可以想象，这些叠在一起的甲骨必定是由一根带子（可能是牛皮条）穿孔把它们连在一起的，只是因为年代长久，皮条已经烂掉罢了。还有考古学家董作宾通过揭开两片粘在一起的龟版，发现其中一片龟版有两个契文"冊人"，在契文的上面有一个孔。甲骨文的"人"是六。由于"冊人"是"册六"二字，说明这片龟版是六块连在一起的甲骨，

竹简《孙子兵法》（仿制品）

就好像现在书籍的封面一样，这种形式是最早的书籍装订形式。

简的编连方式和甲骨编连的方式不一样，这是因为简的形状和甲骨不一样。简是细长的竹条，一般地说，每根简只能写一行或两行字。一篇文章，一根简是写不下的，要用好多根才行。东方朔给汉武帝的奏章，不是用了3000根简吗？如果采取叠在一起穿孔连接的办法，阅读时就非常不方便。事实上甲骨由于形状不规则，才不得不采取互相重叠串联的办法，而竹简每根的大小长短都一样，完全没必要采取串联的方式。人们通过实践，终于创造了适合简的编连方式，即用绳索或皮条像编竹帘那样把一根一根简编起来。编好的简就像我们用的竹帘。阅读时，把竹帘打开摊平成为一个平面，不用时，可卷成一束，收藏也很方便。这一束简也叫作"册"，不过更确切地应叫作"策"。《释名》这部书对"策"字做了很确切的解释，它说："策字同笧。""笧"字比"册"字多一个竹字头，说明简连贯编缀的"册"与龟甲编的"册"字是有区别的。这一束简也称为"篇"，这是"篇"字的起源。

帛大约在西周时已作为书写材料。由于帛不容易长期保存，早期出土的帛书非常少，它的早期装订形式很难臆测。从近年出土的马王堆汉墓帛书来看，帛书一层一层地叠在一起，说明西汉初年帛书还没有什么固定的装订形式。大约经过汉初70年的休养生息，出现了西汉中叶经济繁荣的局面，缣帛生产多了，帛用作书写材料也相应地多了起来。为了携带、翻检和收藏方便，终于采取了类似现在装轴字画那样的卷轴形制。帛书的一端固定在木轴上，收藏时帛书绕在轴上，阅读时将绕在轴上的帛书放开。

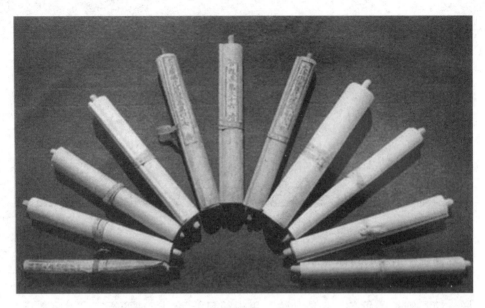

卷轴装帧形式图

　　纸自汉代用作书写材料后，也采取卷轴的形制。由于纸比较脆，阅读时卷轴要打开，阅读后又要卷起，这样经常打开和卷起，纸张容易被撕裂。为了保护纸张不致破裂磨损，还采取"装裱"的方法，即用比较厚的纸或者绫、罗、锦、绢，粘在纸没有字的那一面，形成一个外壳。又因为纸容易蠹蚀，在粘成卷子之前，还要经过"潢"的阶段，即用黄檗染纸使它不易被蠹蚀。这种对纸卷的加工技术，统称为"装潢"。装潢技术在晋代以前还不怎么完善，一直到南北朝时才逐步完善起来。隋、唐是卷轴的黄金时代，装潢技术已达到绝妙的程度。

　　卷轴的轴一般用木料，也有用竹的，比较考究的用玉或者琉璃。为了便于收藏，卷子还用帙包裹，一般五卷或十卷为一帙。帙的质料一般用布或绢，还有用细竹帘的，像敦煌经卷有的就用细竹帘包裹。

　　由于卷轴的书不便阅读，后来为叶子（古时指书页）形式所代替。但卷轴这一形式对字画来说却是比较理想的。欣赏字画时要全面打开，但不需要摊在桌面上，而是挂在墙壁上。轴有一定重量，字画悬挂时正好起了使字画下垂的作用，不悬挂时又可以卷起来，收藏比较方便。所以字画一直采取卷轴的形式。

2. 从旋风装到现代书籍的装订

卷轴形式的书沿用了好几百年。可是这种书阅读时要把它打开，阅读后又要卷起来，非常不方便。要检查文中一个记载，看其中一段文字或某些字句时，就要全卷展开或打开大半卷，阅读后又要卷起来，真是费时费事。另外，卷轴是由一张一张纸粘接起来再装裱成的，手续也比较麻烦。随着科学文化的发展，到唐代后期，开始出现叶子形式的书，即不再把纸粘连成长卷，而是一个个单页连在一起。正像宋代大文学家欧阳修说的："卷轴难于舒卷，故以叶子写之。"此时书籍的装订技术，进入了一个新的时期。

叶子最初的形式是旋风装。旋风装是在卷轴的基础上发展起来的。它也有轴，也有厚纸或丝织品的外壳。所不同的是，它不像卷轴每页的整个纸面粘在外壳上，一页接着一页形成一个长卷，而是外壳只粘书页的一边，一页挨着一页，形成鳞次相积。这样把卷子打开就可以逐页翻飞，展卷至末，阅读后仍合为一卷。

旋风装何时出现，现尚无定论，但是从唐太和末年（835年）吴彩鸾用叶子抄写《刊谬补缺切韵》5卷和同时期李邻用叶子抄写的《骰子选》看，当时用叶子写书已比较普遍。由此可以推知唐代中叶可能已有旋风装了。

旋风装解决了卷轴舒展不便的问题，但它仍用轴子和卷起来插架的办法，还没有完全脱离卷轴的影响。此后，又出现另一种逐页翻飞的形式——经折装。经折装也像卷轴把书页依次粘成一长条，不过不是卷起来，而是把这个长条按书页的长度折叠起来，成为一叠，阅读时可以依次地翻过去。为了保护首

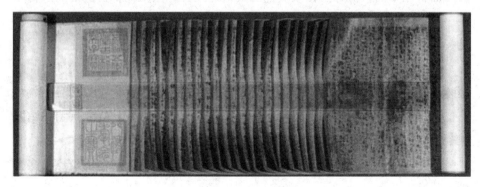

旋风装帧形式图

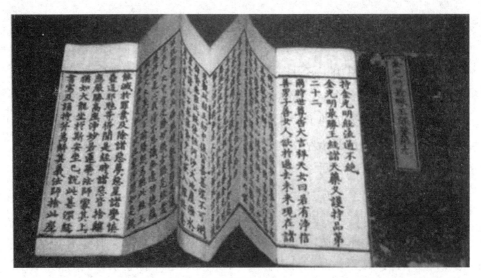

经折装帧形式图

尾页不受磨损，就用硬纸黏附在上面，好像今天书籍的封面和封底。由于佛经用这种形式装订的多，所以叫作经折装或者梵夹装。经折装的最大特点是它完全摆脱了卷轴形式，第一次以接近现代书本的形式出现。

经折装的书虽然后来为包背装、线装所代替，但佛家经典仍继续采用，碑帖也常常采取这种形式。

经折装虽然摆脱了卷轴的形式，但经过长期翻动后，折缝处很容易断裂，导致整本书散乱，所以还不够理想。到了宋代，人们通过不断实践，又设计一种新的装订形式——蝴蝶装。蝴蝶装是将每一书页在版心处对折，使有字的一面折在里面，折好后，依次把书页折缝摆齐，用糨糊将折缝处的纸都粘在一片纸上，形成书背，前后页另用硬厚的纸夹护。这样既可以逐页翻飞，又去除了经折装的折缝断裂的缺点。

蝴蝶装的出现，奠定了书籍的书册形式，成为装订技术的一大进步。蝴蝶装还有两个特点，一个是插架方式和今天书籍一样，也是直立的，不用平放；第二，可在书背上题写书名、卷次。这样检索起来很方便。从北京图书馆藏宋刻《欧阳文忠公集》和《册府元龟》都可以看出这些特点。

宋代蝴蝶装比较普遍。孙毓修《雕版源流考》就说过："清内府藏书多为蝴蝶装。"

蝴蝶装虽然装订得比较牢固，但使用时也有不便之处。因为书页的中心

（版心）折缝糊粘在一起，这样阅读完一页，翻转来是没有印字的背面，再翻一次才看到字，翻阅很不便。另外版心在中间糊粘处，检索卷次也很不方便。后来又出现另一种装订方法——包背装。

包背装是蝴蝶装的改进，和蝴蝶装不同的地方是书页正折，即有字的一面向外。它的装订方法也是依次摆齐书页，只不过不像蝴蝶装那样糊粘版心处，而是把书页折好后，在边栏外的右方用几个捻子订成本子，然后用整幅的书皮纸，绕包书背。装成的书，书口就是版心。书名、卷次、页数都在外侧，检索起来很方便。用这种方式装订的书，读者随便翻开那里，都看到文字。

包背装开始在元代。它既保持蝴蝶装直立插架和书背题写书名的特点，又比蝴蝶装简约方便，所以很快被普遍采用。到明代，线装的方式出现，明中叶以后，包背装才渐渐少起来。

清内阁旧藏元大德间补刻的宋本《前汉书》和大德九年（1305年）陈梦根手写的《徐仙翰藻》就用包背装。北京图书馆藏元刻元装《汉书》《文献通考》《玉海》等，也是用这种方法装订，可以推知元代的包背装是很普遍的。明代的明太祖朱元璋《御制诗集》《辽金元三史》，是用黄色绫衣的包背装。清代《四库全书》是用四色绫衣的包背装。

线装是在包背装的基础上发展起来的。它与包背装不同的地方，仅是包背装用纸捻把书页订在一起，再用整幅书皮纸绕包书背，而线装书则不用书皮纸包背，而用线把书叶连同封面、封底订在一起。线装书由于不用硬纸包背，不能直立，所以插架只能平放，一部书分装几册的，一册册叠在一起，为了保护书籍，还用书套套好，平放在书架上。为了检索方便，又往往夹纸片标出书名和卷数。由于用线装订比单用纸捻更加经久耐用，所以线装书在发明后，就逐渐代替包背装。也正由于现存明、清古籍大都是线装书，所以线装书又成为中国古籍的代名词。

我国装订方法发展到包背装和线装已经比较完备。现代书籍的装订就是在这个基础上发展起来的。现在简单介绍一下包背装和线装的具体步骤，从这里可以看出现代装订方法与它们之间的关系。包背装和线装的装订程序大致是这样：

第一步是根据版心上的黑线（即象鼻）摺页。第二步是把摺好的书页对齐栏线按照页码次序排叠在一起。第三步是在首页和末页的前后，分别附加两张空白纸，保护书页。第四步是将叠在一起的书用纸捻订起来。如果是包背装，用几个捻子把书订好；如果是线装，只要纸捻贯穿书页，免得书页散乱就行了。第五步是加封面和封底。如果是包背装，只要用书皮纸绕包书背，再将书边切齐磨光就装订好了。如是线装书，则在加了封面封底及书边切齐磨光后，还要打孔穿线，用丝线把书订好。

现代书籍的装订就是结合了包背装和线装这两种方式又加以发展形成的，基本上是先用线把书页订在一起，再采取包背装的形式，用书皮纸绕包书背，只是穿线订的方式与线装书不同罢了。

第四编　活字印刷术的发明和发展

活字印刷术的发明，是印刷史上又一伟大的里程碑。它既继承了雕版印刷术的某些传统，又开创了新的印刷技术。这种技术传播到西方后，立即受到使用拼音文字国家的印刷工作者的欢迎，并不断改进这种技术，逐渐成为世界范围内占统治地位的印刷方式。活字印刷术的发明和发展，为更快速地印刷书籍创造了条件。从北宋毕昇发明胶泥活字印刷术，到明代中期，活字印刷技术已经历了胶泥活字、木活字和金属活字，在工艺方法上也在不断地改进。为了叙述上的方便，又由于它在印刷史上的重要地位，我们单独列一章来介绍活字印刷术的发明以及它由胶泥活字、木活字到金属活字的发展过程。

一、北宋毕昇发明胶泥活字印刷术

雕版印刷术发明之后，人们用木板做原料，相当省钱。一部书版，可以印出几百部、几千部，比起一字一句地靠手抄写，真是简便多了。它的发明和推广，对文化的普及和发展，起了很大的推动作用。但是雕版印刷术还是有它的缺陷：第一，每印一页书就得刻一块版，每印一本书就得刻一套版，人力物力耗费甚多；第二，一部大书往往要花上几年，甚至几十年才能完成，如果印了一次不再印第二次，显然是很大的浪费，倘因不得已的事故半途而废，损失更大；第三，一块块书版，占据着大量空间，保存起来也不是件容易的事。针对这些缺点，我们的祖先又继续钻研，努力改进，终于于北宋庆历年间（1041年—1048年）发明了比雕版印刷术更为先进的活字印刷术。中国古代的四大发明中，火药、指南针和纸都查不出有名有姓的发明人，唯有活字印刷术的发明者有名有姓。他，就是北宋时期的毕昇。

发明胶泥活字印刷术的毕昇

1. 毕昇与活字版工艺

北宋初期，是我国雕版印刷术发展的全盛时期。什么叫雕版印刷术呢？那是根据稿本，把文字抄写在半透明的纸上，再把纸反过来贴在比较坚实的木板（通常是用梨木或枣木）上，雕刻出凸起的反字，也就是所谓"阳文"，这种雕刻而成的木板就成了"雕版"。接着把墨涂在它的线条上，然后铺上纸，用刷子在纸上轻匀地揩拭。这样，便可以印出白底黑字的印刷品来了。

到毕昇时，雕版印刷术已有300多年的历史了，那时，刻书不但多，而且刻得非常精美讲究。

毕昇是位熟练的雕刻工匠。他当然知道，与早先刻在石头上再进行印刷相比，雕版印刷术要方便多了。但是，长期的实践又使他感到：用这种方法印刷书籍还有很多缺点。雕刻一套书版，往往要花上几年时间，耗费的精力太大了，要是雕刻的印版上有了错别字，就得重新雕刻整块书版，更主要的是，一部书印好后如果不再重印了，这些木版就没有用处。比如，宋太祖开宝四年（971年），有个名叫张徒信的，在成都雕版印刷全部《大藏经》竟花了12年，雕了13万块书版，一间屋子还装不下；后来不再重印，这些书版就不起作用了。

总之，雕版实际是"死版"，用它来印刷，又费工又费料，很不方便。

毕昇又显然是一位非常爱动脑筋的雕刻工匠。他看到雕版印刷术的缺点后，就想到：既然雕版费工费料，为什么不能用"活版"来代替它呢？如果不是将字刻在一整块木板上，而是把它刻在一块小小的木头上，再拼成一整块去印刷，印好后把它卸下来以后再用，那不是要比雕版印刷术又省工又省料了吗？

他越想越觉得在理，马上动起手来，在制得的一样大小的小木块上刻字；刻好后，又把它们整齐地排在一起，成为一块版。

这一来，原来刻在一块木板上的"死"字，变成一个个可以搬动的"活"字了。

可是，怎样使这些"活"字在印刷时不松动呢？

毕昇想了个办法：把木字放在一块四周有方格的铁框板上，里面放些松香之类的黏合物，然后把"活"字依次放进铁框后，搁在炉子上烘烤。松香受热后，慢慢地熔化成薄薄的一层，又把铁框从炉子上取下来，并且迅速用一块平整的木板在上面轻轻一压。不一会儿，松香冷却凝固，铁框里的"活"字也平整地粘在一起，变成了整块的"死"版。这样就可以印刷了。

印完后，他再一次把铁框搁在炉子上烘烤，把木字取下来供下次使用。这样，字又变"活"的了，"死版"又变成了"活版"。

可是，毕昇很快就发现了一个问题："木活字"装装卸卸重新使用后，印刷的次数虽然大大地增加了，但由于它受墨多了容易发生膨胀，加上木头的纹理疏密不同，结果印多了木字就发生变形，有的模糊得看不出来。再说，它还容易和松香粘在一起，取下来不太方便。

事情很清楚，要长久使用"活"字，必须为它找一种新的材料。

这个问题扰得毕昇坐立不安，茶饭不思。是啊，这材料既要能很方便地在上面刻字，又要受墨多后不吸水，受了热也不会变形。此外，价格还要便宜，而且到处能找到来源。

经过多次试验，毕昇终于找到了一种质地细、黏性强的胶泥。用它制作出来的"泥活字"，坚硬又不吸水，加热烧硬后更不会变形，又很容易找到。用它来印刷成百上千次也一样清晰！

就这样，活字印刷术取得了成功！

毕昇显然不是个满足于已取得的成就的发明家。为了加快印刷的速度，他又准备好两块铁板。一块在印刷，另一块就在排字；等到一块印好，另一

仿毕昇泥活字

块也排好了。这样，两块铁板可以交替使用，印起来就更快更方便。

毕昇又知道，一部稿本中有许多相同的字，所以他把每个单字做了几个相同的"泥活字"。像"之""也"等这些常用字是经常在稿本中出现的，所以他甚至重复制作了20多个。如果碰到稿本中出现冷僻的字事先没有制作好，那就在排版前用胶泥做一个，刻好马上烧硬；就是发现排错了字，那也没关系，随时更换就是了。这一切都非常方便。

那么，一本书印刷完后，拆下来的"泥活字"怎样储放呢？

毕昇也想出了一个好主意：以韵目分类，把它们分别储放在木架上，下次要用的时候，很快就能找到。

不难看出，毕昇近千年以前发明的活字印刷术，已经大体上具备了近现代活字印刷术的基本技术原理和操作程序，创造了造字、储字、检字排版和印刷等一整套活字印刷的技术和生产程序。这种活字印刷技术，是一项适于大规模图书生产的工效很高的技术。毕昇的智慧，以及他对人类文明所做出的伟大贡献，怎么能不令世人钦佩和敬仰呢！

2. 毕昇活字印刷术的命运

毕昇活字印刷术的发明绝不是偶然的，它同雕版印刷术一样，也是萌发于我国特有的文化文明和物质生产基础之上的。从思想文化角度来看，几千年来传统文化的不断发展，著作大量产生，而且有越来越多的人需要图书，这就促使人们去寻求比雕版印刷术更先进的印刷技术来适应思想文化发展的需要，促使人们去研究、创造活字印刷术。从物质条件角度来看，到了宋代，纸、墨的生产，从质量到数量都比唐代以前有了很大进步。北宋时期，社会稳定，农业发展，社会经济水平上升。由于雕版印书业的兴盛，社会上产生了官刻、私刻和坊刻等许多以印售图书为业的部门和家族，有些部门和家族甚至持续几代。后来历朝都视需要而加大投入，使官刻业务历久不衰。不少私刻、坊刻业主经过长期经营，也有了相当的技术和经济积累。这些便使得刻书者希望采用更新的技术和方法来扩大出版印刷业务。这就是活字印刷术能赖以萌生的社会物质和经济基础。

　　从技术条件来看，活字印刷术不但受到了秦汉以来印章、碑石及瓦当刻字的影响，而且还直接受到雕版刻字的启示。不同的只是雕版技术是把反写阳文刻于整块木板上用以印书，而活字印刷术则是将反写阳文刻成单个字，然后拼排成版来印书，二者的技术原理是一样的。由此看来，活字印刷术之所以能最早产生于我国，也就是顺理成章、不足为怪的事了。

　　长期以来，西方国家曾因活字印刷术的发明权争论不休，许多人都想为本国争得这一荣誉。有些外国学者也曾不顾沈括 900 多年前所留下的清晰记载，硬说活字印刷术是德国人谷腾堡发明的。谷腾堡大约生于 1394 年至 1400 年，卒于 1468 年。1450 年前后，他采用自制的字模铸成铅字活版，排印了《四十二行圣经》等书，还利用木材制造了简单的印刷机。但谷腾堡的活字印刷方法，已经比毕昇胶泥活字印刷术滞后了 400 多年。而且，有许多迹象表明，他的印刷方法是受到我国活字印刷术的启发和影响而产生的。因此，我国北宋毕昇首先发明了活字印刷术是任何人也无法否认的，已为世人所公认。

《梦溪笔谈》中关于活字版的记载（元代刻本）

泥活字实物图片

　　从沈括的记载来看，毕昇曾用自己制作的活字印刷过图书。可惜的是他印过什么书却没有流传下来，也不见于记载。他制造的活字后来也失传，明清以后的人没有见过。明正德年间，强晟的《汝南诗话》里有这样的记述："汝南有武弁家治地，忽得黑子数百枚，坚如牛角，每子有一字，如欧阳询体。识者以为此即宋活字，其精巧非毕昇不能作。"此时离毕昇造胶泥活字已有四五百年，说此字"非毕昇不能作"，仅是推测，不一定可信。清代以来，一些藏书目录中认为是宋代活字印本的书有七八种，但见到原书，有人认为是宋刻，也有的认为是明活字本。无论是书目中的确认者，还是后来的否认者，均无文献记载可做印证，多凭观风望气、主观推测，不太可信。总之，毕昇发明活字印刷术后，并没有得到推广应用。因此，那以后的好长一段时间里竟没有活字印本图书留下来，也不见有关于活字印书的文字记载。

　　至今，见于记载的最早使用毕昇活字印刷术印刷图书的是南宋的周必大。周必大，字子充、洪道，庐陵（今江西吉安）人，南宋著名文学家。他曾于南宋光宗绍熙四年（1193年），在湖南潭州（今长沙）用"胶泥铜板"印成他撰著的《玉堂杂记》。在《周益文忠集》卷198中有他于绍熙四年写给好友程元诚的一封信，信中提到："近用沈存中法，以胶泥铜板，移换摹印，今偶成《玉堂杂记》二十八事，首恩台览。""存中"是沈括之字，文中所谓"沈存中法"，即指沈括在《梦溪笔谈》中所记录的毕昇活字印书法，周必大误称为沈括印书法。周必大大概是因为胶泥活字排布在铜板上，所以称"胶泥铜板"。"移换摹印"，是指把泥活字在铜板上移来换去，不断地排成书版来印刷。周必大采用毕昇泥活字法印成《玉堂杂记》时，他正为官潭州，所以此书是在潭州印成的。此时离毕昇发明泥活字印刷术已有140多年了。可惜，周必大所印《玉堂杂记》早就不见有传了。

　　大约在毕昇发明活字印刷术 200 年后，也就是南宋淳祐元年至淳祐七年（1241 年—1248 年），又有一位叫杨古的人采用了毕昇活字法印成了《近思录》和《东莱经史论说》等书。杨古是忽必烈谋士姚枢的学生，他是在姚枢主持下采用毕昇活字法印书的。另外，据 15 世纪朝鲜学者金宗直在为活字本《白氏文集》所作跋中说："活板之法始于沈括，而盛于杨惟中，天下古今书籍无不可印，其利博矣。然其字率皆烧土而为之，易以残缺，而不能耐久。"据考，杨惟中大规模印书也是在姚枢主持下在河南辉县进行的，时间与杨古用活字版印书相差不多。虽然国内资料说明杨惟中所印书为雕版本，但朝鲜学者所记其有泥活字本，自当有所依。这也说明与杨惟中同时采用活字版印书的杨古，用的也是胶泥活字。杨古活字本早已失传，他的活字印书晚于周必大四五十年，也是早期的活字印本书。

二、元代王祯改进木活字印刷术

在毕昇之后,木活字又继泥活字用于印刷。毕昇曾经说过木的纹理有疏密,沾水则高低不平,并与药粘在一起,不可取,不如燔土。他认为木活字不能用,只能用泥活字。为什么毕昇之后,人们用木活字代替泥活字进行活字印刷呢?其实,毕昇说木活字不能用,是因为他造的活字和固定活字的办法不适宜用木活字。如果设法加以改进,木活字就同样可以采用。而且木材是容易加工的材料,木活字的制造比较简便迅速,成本也不高,又不像泥活字那样容易损坏,这就自然成为比泥活字更好的活字。

正因为木活字具有上述优点,从元代起,木活字就获得广泛的应用,成为我国活字印刷的主要方法之一。那么,木活字究竟是谁发明的?

1. 王祯的杰出贡献

过去人们一直认为木活字是元代的农学家王祯于1291年创造的。这是因为过去没有发现王祯以前木活字印书的文献,也没有这方面的实物。而在王祯所著《农书·造活字印书法》中,又有"用己意命匠创活字"这句话。

《农书·造活字印书法》(元代王祯)

这里所说的活字就是木活字。可是近年在宁夏发现元代刻的木活字版西夏文《华严经》。王国维认为这就是大德十年（1306 年）松江府僧录《管主八愿文》中提到的《华严经》。根据愿文："雕刻河西字大藏经三千六百二十余卷，华严诸经忏版，到大德六年完备。"也就是说这部《华严经》的木活字是在 1302 年刻好的。而根据《元史》，至元三十一年（1294 年）罢宣政院所刻河西藏经版，至大德六年（1306 年）才恢复雕刻。如果《元史》中河西藏经版即指《管主八愿文》中"诸经忏版"，则在 1294 年以前已经刻木活字了。王祯刻木活字于 1296 年，比西夏木活字要迟好几年。当然，在 1296 年西夏木活字还没有刻好，王祯的木活字可能是在不了解西夏木活字的情况下独立创造的。所以他说"用己意命匠创活字"。不过，不能说木活字由王祯发明。

还有，在敦煌发现的回鹘文木活字，据发现者判断，是 1800 年左右的遗物，而王祯的第一部木字印刷的《旌德县志》在 1298 年才印好。在这么短短的时期内木活字印刷术已传到甘肃西部，并用回鹘文进行印刷，这也是值得研究的。

当然，上述意见都是根据某些推断做出的。木活字是否由王祯创制，究竟始于何时，还有待于今后进一步的论证。但是，王祯为木活字印刷所做的贡献是非常突出的。在王祯之前，还没有木活字印刷方法的记载，是王祯写了一篇《农书·造活字印刷法》，详详细细地介绍了制作木活字和活字印刷的方法，从此木活字印刷才逐渐获得广泛的应用。如果说毕昇是活字印刷术的发明人，那王祯至少是使木活字获得广泛应用的关键人物。

现在让我们看看王祯制造木活字的目的和他制定的一套木活字印刷的方法吧！

王祯是元代东平（今山东东平）人，曾做过好几任地方官。他和一般官吏不一样，他很关心老百姓的疾苦。同时，他又是一位农学家，所以每到一个地方，除修桥铺路施药救人外，着重教人种植树艺，改良农具，提倡桑麻的栽培。为了传播农业知识，他还结合自己的经验，编写了一本农书。考虑到农书字数较多，雕版花的时间太长，就在元贞二年（1296 年）任安徽旌德县令时，设计了一套制木活字的办法，叫工匠去刻字，花了两年的时间，刻了 3 万个活字。由于农书还没有定稿，就用木活字印 6 万字的《旌德县志》。结果不到一个月的时间，就印了 100 部。印出的书完全和雕版印刷一样，说明王祯改进的木活字印刷术是很有成效的方法。

为了推广木活字印刷术，王祯把制作木活字的方法与印刷经验系统地写成一本《造活字印书法》附在《农书》的后面。这篇文章首先介绍木活字印刷总的情况，即先在一块木板上刻字，再用小细锯在字与字之间锯开，得到一个个四方的单字。用小刀修单字的四边，使各个单字的高低大小都一样。然后在一块木板上放一个框架，并在框架内排字，在排了一行后，就夹一片竹片。等到字在框架内排满，再用木屑塞在空隙的地方把它塞紧，一直到字被固定为止。最后用墨印刷。这篇文章还对刻字、修字、贮字的轮机、检字、排字以及印刷的技术细节做了详尽的介绍。

从这篇文章里可以看出王祯的木活字印刷术有下面几个特点。

第一，王祯木活字的形状已和现在铅活字一样，字面的后面连着长长的字身，不像毕昇设计的活字是薄薄的一片。木活字如果是木片，木片沾上水，由于木质纹理有疏密，各处膨胀程度不同，当然会出现高低不平的现象。而连着字身的木活字沾水时，仅字面沾水，字面受到不沾水字身的约束，几乎不会膨胀。这就解决了木活字沾水会高低不平的问题。还有，用竹片夹字、木屑填空隙的办法使活字固定，代替毕昇用松脂、蜡和纸灰混合物固定的办法，这又避免了木活字固定后不易取下的缺点。这样就使木活字印刷术成为行之有效的方法。

第二，他创造了转轮排字法。用两个直径七尺、轮轴三尺的轮盘，盘上铺有圆形竹笆；一个轮盘放通常用的字，另一个轮盘放可用的字。无论常用字还是可用字，都按韵分类并按韵书的次序分别排在轮盘上。另外，把两个轮盘上活字号码次序登在另外两个册子上。排字时，一个人读出册子上面所需排字的号码；另一个人坐两轮盘的中间，根据读出的号码转动轮盘，拣

王祯的转轮排字架

出需要的活字。这种转动轮盘检字法的确像王祯说的那样"以人寻字则难，以字就人则易，此转轮之法，不劳力而坐对字数"。这在当时是一项重大改革。虽然后来这种方法为更简便的字柜所取代，但王祯这种用机械代替人力的思想是十分可贵的。

最后，王祯这篇文章对于木活字从制字一直到印刷各个环节都介绍得非常详细，具体技术细节和注意事项都谈到了。例如，他指出印刷时"以棕刷顺界行直刷之，不可横刷"，而且说"这是活版之定法"。这是因为直刷可以保持版面稳定和保护活字，延长它的寿命，从而保证印刷的质量。正因为这篇文章介绍得非常具体，看了这篇文章，就可以从事活字印刷。所以在王祯之后，木活字逐渐流行。比王祯晚20多年的马致远在任浙江奉化知州时，就"镂活书板十万字"，用活字书版印成《大学衍义》等书。到了明清，木活字就大为流行。

2. 改写木活字历史的发现

位于今宁夏银川市西部的贺兰山，是当时西夏国人民心中的"圣山""神山"。当年这里建有许多的宫殿和塔寺，虽经战争的破坏和岁月的冲刷，这些建筑的主体早已被破坏殆尽，但是遗址尚存，西夏文佛经《吉祥遍至口和本续》就是在宁夏贺兰山的拜寺沟方塔之中发现的。

1990年，拜寺沟方塔被不法分子炸毁，后经有关部门勘察，发现这是西夏时期的一座古塔。1991年，经国家文物局批准，宁夏考古研究所和贺兰县文化局对方塔废墟进行了清理发掘，年近六旬的项目负责人牛达生先生带领工作人员，风餐露宿数十天，终于获得了重大的发现，遗址中出土了一批珍贵的文物、文献，《吉祥遍至口和本续》就是其中之一。由于这本书是西夏文的，所以，当时人们并不知道这本书是世俗文献还是佛经？是西夏时期的印刷品还是元代的印刷品？是雕版印本还是活字印本？经过专家学者多年的潜心研究和国家权威部门的鉴定，最终确认了《吉祥遍至口和本续》为西夏文佛经，是西夏时期的木活字印本，是我国目前所发现的最早的木活字印本，也是迄今为止世界上发现的最早的木活字印本实物。

《吉祥遍至口和本续》的原件残破散乱，沾有泥土污垢，经整理拼缀后共有 9 册，220 多页，约 10 万字，由白麻纸精印，蝴蝶装，封皮上贴有经名标签，内部有汉文、西夏文，还有夏汉合文。整部书文字工整，字迹清晰、秀丽，版面疏朗明快，纸质平滑，墨色清香，是我国古代优秀印本之一。此书的确切排印年代尚不能肯定，应是西夏后期的印品，通过对书的经名、题款的翻译，知道此书是译自藏文佛教密宗经典，有重要的文物文献资料。

《吉祥遍至口和本续》在印刷上存在许多的不足，如版框栏线有的不衔接，留有或大或小的缺口；文字大小不一，墨色浓淡不匀；版面设计随意改变，个别页面将版口省去，有的页面还有倒字等；版心行线漏排；书名简称用字混乱，时见排错；页码用字无规定，错排、漏排现象严重；有的页面字行间有断断续续的线条，应该是字行间楔入的竹片没有夹好留下的。但是，这些都说明它是一本活字印本，而且是木活字印本。1996 年 11 月，文化部成功地组织了对"西夏木活字研究成果"的鉴定，确认《吉祥遍至口和本续》是迄今为止世界上发现最早的木活字印本实物，它对研究中国印刷史和古代活

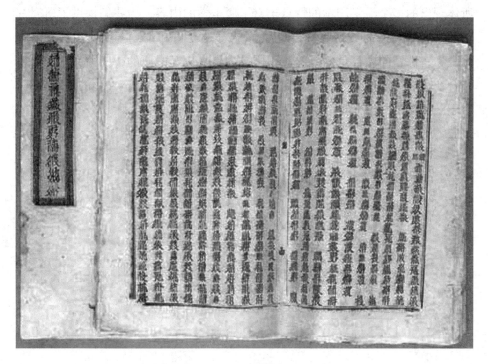

《吉祥遍至口和本续》（西夏文木活字印本）

字印刷技艺具有重大价值。《吉祥遍至口和本续》先后被国家文物局列入第一批禁止出国的文物名单，被国家档案局列入第一批"中国档案文献遗产名单"。

《吉祥遍至口和本续》是唯一经过国家鉴定的西夏时期也是宋辽金时期的木活字印本，具有重要的文物、文献价值。首先，目前尚未见到《吉祥遍至口和本续》的其他印本，说明这本书是海内外孤本。其次，《吉祥遍至口和本续》是国内唯一的印本蝴蝶装西夏文佛经。第三，《吉祥遍至口和本续》是藏传佛教密典最早的印本。第四，《吉祥遍至口和本续》再现了西夏高超的活字印刷技术的运用，它的发现，将中国人发明和使用木活字印刷术的历史至少提前了一个世纪。从前，人们只知道北宋毕昇发明了胶泥活字印刷技术，两个世纪后的元朝，又有王祯制造出木活字印书。然而，《吉祥遍至口和本续》说明了在毕昇发明了活字后不久，西夏已能熟练地应用活字印刷技术，不仅有泥活字，而且还有木活字，早于王祯使用木活字100多年。第五，《吉祥遍至口和本续》第一次向我们展示了活字发明当时的活字印本的面貌，它所体现出的多个活字印本的特点丰富了版本学的内容，为我们提供了研究古代活字印刷技艺的最新资料。同时，《吉祥遍至口和本续》所使用的文字是西夏文，佛经的内容是藏族的，印刷技术是来自于中原的，三种文化完美地结合在一起，是我国古代各民族友好往来、互相学习、交流文化的历史见证，对于弘扬中华文化有着积极的意义。

三、明代木活字、铜活字印书盛行

在我国古代印刷史上，明代不仅是雕版印刷业全面兴盛的时期，而且起源于北宋的活字印刷技术和活字印书业也有了很大发展。明代的木活字印书已很盛行，并且发明了铜活字，应用也很广泛。大约在明弘治、正德年间，铅活字也出现了。

1. 明代的木活字印书

明代，尤其是明万历时期，木活字印刷术已发展到成熟地步，木活字印书大为流行。

明代木活字印书的特点有三：一是印刷数量大；二是印书分布地域广；三是经营者多，不仅私人印刷者很多，而且许多藩府和书院也采用木活字版印刷图书了。

宋元的活字印本，能传到今天的太少见了，见于文献记载的也不多。而明代，见于著录而有书名可考的活字印本书就有 200 种左右，其中木活字本有 100 多种。明代的活字本留传至今的也不少，北京图书馆就藏有明木活字本几十种。从采用木活字印书的地域来看，不仅文化发达的江苏、浙江、四川等地用木活字印刷的图书很多，就连江西和偏远的云南等地也有大量木活字印书。自雕版印书以来，逐渐发展成了官刻、私刻、坊刻、寺庙刻和书院刻等几大刻书系统，明代又出现了藩府刻书。至于用活字印刷图书，宋元时只有私印，而到了明代，除许多私家采用木活字印书之外，许多藩府和书院

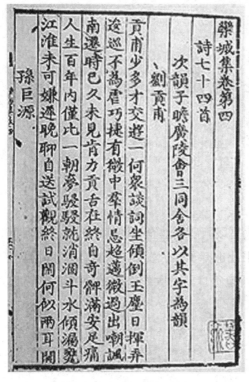

《栾城集》（嘉靖二十年蜀藩刻本）

也开始采用木活字版印刷图书了。不难看出，明代木活字印书的数量之大，分布地域之广，以及参与印刷的单位和私家之多，是前所未有的。这样广泛的印刷业务实践，使活字印刷术不断提高，越来越成熟了。

明代江苏使用木活字印书以苏州、常熟、太仓、南京等地为最盛。

明代藩府中采用木活字版印刷图书的，仅有据可考的就有四川蜀府、益府两家。蜀府活字本有嘉靖二十年（1541年）所印苏辙《栾城集》84卷。书的四周边栏有大缺口，字分大小两种，字体方形，个别字只印出一半，明显为活字印本。书的序跋中有"我皇明蜀殿下所刻"字样，可知此书是明太祖七世孙蜀王朱让栩在成都排印的。四川益王府所刊木活字本，有益王朱厚炫令其孙于万历二年（1574年）印元常州武进学者谢应芳撰《辨惑编》及顾亮撰《辨惑续编》。据文献载，此书是朱厚炫"恐其传播之未广也，爰循旧本益加校订，命世孙以活字摹而行之"。书的附录末页中间有"益王活字印行"字样。益王朱厚炫于嘉靖三十五年（1556年）袭封为王。明代各地的藩王及其后人，都是皇家后代，是食皇封的官僚贵族。明代藩府采用活字版印刷图书，表明活字印刷术得到了地方官方的承认并推行使用了。到了清初，活字印刷术就得到中央政府承认了，皇帝批准建立了活字印书机构，出现了大量官方活字印本。

除了私家印、藩府印，明代还有书院活字印书。正德五年（1510年），东湖书院采用木活字版印刷了黄希武编辑的《古文会编》。嘉靖十六年（1537年），东湖书院又印行了钱瑶编辑的《续古文会编》5卷，每页版心下方都印有"东湖书院活字印行"八字。常熟钱梦玉还借用东湖书院的活字印刷了其老师薛应旗中会魁的试卷。

另外，还有许多明代木活字本是难以考定其印刷地域、印刷者或印刷时间的，有不下六七十种，其中最为有名的是木活字本《鹖冠子》。此书版心下方有"活字板""弘治年""碧云馆"字样。清乾隆帝很欣赏此书，曾于书前亲笔题诗一首。至编修《四库全书》时，这部明活字本被造作底本。其他明木活字本，如毕氏印《李乔集》《刘随州集》，夏氏印《使琉球录》，朱氏正德印本《鲍参军集》，等等，也都是明代较有名的木活字印本。

自宋至元，用活字印书以诗文集为多。到了明代，活字除用以排印了大量诗文集外，南方还开始用活字排印家谱。修撰家谱是我国传统文化的重要分支。雕版印刷术发明不久，宋代就开始用它来印刷家谱了，到了明代，雕版印刷家谱就十分盛行了。木活字刚刚盛行，又立即用它来印刷家谱了。见于记载的明木活字本家谱有：隆庆五年（1571 年）印《曾氏宗谱》，万历三十四年（1606 年）印《沙南方氏族谱》，万历三十九年（1611 年）印《遂邑纯峰张氏宗谱》，崇祯年间印《方氏宗谱》，以及印刷年代不详的《东阳庐氏家乘》《袁氏宗谱》，等等。

崇祯十一年（1638 年），北京出现了用木活字印刷的《邸报》。这是我国活字用于报纸印刷业的开端。

2. 明代的金属活字印刷

金属质地坚硬，不易磨损，若制成活字，可以千百次印刷而不坏，远比木活字优越。在印刷史上，熔铸金属做活字是活字制作技术的一大进步。金属活字的出现，不仅扩大了活字可用材料的范围，而且为后世大规模印刷做了准备。

我国用金属活字的年代比较早。根据目前文献，可以肯定远在 13 世纪已有锡活字，比谷腾堡的金属活字至少早 150 年。大量用铜活字印书的年代也不比谷腾堡第一次制成铅活字的年代晚多少。只是由于种种原因，我国的金属活字没有像欧洲那样迅速获得广泛的应用。

锡活字是我国出现最早的金属活字，它出现的年代可以从元代王祯《农书·造活字印书法》一文的叙述推算出来。这篇文章曾有"近世又有铸锡活字"一语，紧接着又说"今又有巧便之法——雕木板为字"。"近世"当然比"今"时代早，说明锡活字的出现比王祯使用木活字早。王祯开始制木活字于1296年，可以肯定最迟于13世纪，已有锡活字了。

明代的文献有关锡活字的记载，现在仅知《勾吴华氏本书·华燧传》曾有"范铜板锡字"一语。华燧是弘治正德年间（1488年—1521年）的人，说明当时曾用锡活字印书。这个情况也可从当时到中国来的外国人的记述中得到证实。如波斯商人嘉奇·默德于嘉靖二十九年（1550年）左右在三久良诺地方参观印刷所，看到他们使用锡活字印书时说："看来同中国很相像。"

我国何时开始用铜活字印书，现在已无法查考。不过，到明代弘治、正德年间，在江苏无锡、常州、苏州、南京一带铜活字印书已比较流行。可以想象铜活字出现的年代远早于1488年。

较早用铜活字大量印书的是无锡会通馆的华燧和华煜。华燧对校阅版本很感兴趣，发现各种版本有异同时，总加以辨证，并随手记下来，时间长了，记了厚厚一大本，碰到老儒就去请教，最后校订出一个正确的本子。为了使这个正确的本子广为流传，他就用铜活字把它印出来。他非常高兴，对人说"吾能会而通矣"，并把自己住的地方叫作会通馆。他用铜活字印的书，也冠以会通馆的名义。华煜是华燧的弟弟，兄弟两人用会通馆的名义印了不少书。

比华燧略迟的还有一个华理，大概是华燧的族人，是一位官吏，也用铜活字印书。据《无锡县志》载，他"多聚书，后制活版甚精，每得秘书，不数日而印本出矣"。可见他印了不少活字版的"秘书"。现存华理的铜活字版《渭南文集》的确排印得非常精湛。

在会通馆之后，华燧的侄子华坚和侄孙华镜在正德年间先后以兰雪堂的名义印了不少铜活字版的书。

无锡在华氏之后，与华燧齐名用铜活字印书的还有安国。安国是弘治、嘉靖年间无锡的大商人，喜好收集异书，刊刻书籍，印了不少书，现在仍有传本。

除无锡以外，常州、苏州、南京也用铜活字印了不少书。

为什么铜活字在明代中叶在长江下游苏常一带流行呢？原来铜活字不像木活字，从收集材料到铸造，没有大量财力无法办到，长江下游经济发达，有不少富豪商人参与这一活动。像华燧就是无锡富户，再像安国，他是大商人。《无锡县志》说他"富可敌国"，在"胶山治园，广达几百亩"。有了这样的财力，铸造铜活字，当然不在话下。

以后，边远地区也逐渐用铜活字印书。如福建的建阳，在明嘉靖、万历年间书商也用铜活字印书。

铅的熔点低，容易铸成活字，是较理想的金属活字材料。我国历史文献有关铅活字印刷记载很少。因此有人认为铅活字印刷是西方传来的。其实，我国在明代就用铅活字

《初学记》（安国桂坡馆铜活字印本）

印刷了。明代陆深《金台纪闻》就有这么一段话："近日昆陵人用铜铅为活字，视板印尤巧便。"同在苏常地区，出现使用熔点低的铅铸成活字的条件是完全具备的。这种铅活字的出现，显然是活字印刷术的一大进步。只是由于缺少这方面详细记载的文献，它的面貌究竟怎样，就无从了解了。

从以上可以看出，我国金属活字印刷术无论是锡活字、铜活字还是铅活字都采用得比较早，像铜活字印刷术还有了比较大的发展。之所以没有像西方一样取代雕版印刷术，原因当然很多，而统治阶级的愚昧，不重视科学技术，阻碍科学技术的应用是很重要的因素。

四、清时各种活字在社会上并行

到了清代，活字印刷术又有了较大发展。清朝统治者入主中原以后，一方面对印刷图书进行严格控制，以抑制人民的反清思想，巩固其统治；另一方面，政府，特别是康熙、雍正、乾隆三代统治者又大力用印刷术印造对巩固其统治有利的图书。因此，到了清代，活字印刷术不仅在坊铺、私家及书院中广为流行使用，而且从清初就得到中央政府的承认，内府开始使用活字印书了。这是清代活字印刷术发展的一个突出特点。清代的活字印刷术，木、泥、铜、锡、铅活字均有应用，还发明了瓷活字，形成了多种质料活字并用的局面，这是清活字印刷术发展的又一个特点。另外，还有一个特点，那就是清代后期采用活字版印书的地域较广，几乎遍及全国，且印书数量大，种类多，为历代所不及。

1. 清朝的铜活字印书

清初，民间仍继续用铜活字印书。像康熙二十五年（1686 年），民间的吹藜阁用铜活字印《文苑英华律赋选》。到了康熙、雍正两代，官方也用铜活字印书。历史上著名的百科全书式 1 万卷的大书——《古今图书集成》就是雍正四年到六年（1726 年—1728 年）清内府用铜活字印的。

用铜活字印了这样一部大书，似乎可为今后铜活字印刷打开一个新的局面，可是事实上并不是这样。这部书的出版本身就是一段悲惨的历史。铜活字没有受到重视，在印了这套书之后，也遭到销毁的命运。

《古今图书集成》（清内府铜活字本）

　　《古今图书集成》是陈梦雷编的一部大类书。陈梦雷原来是翰林院编修，康熙三十七年（1698 年）受到康熙的赏识，让他在西苑教第三皇子诚亲王胤祉读书。他就在教书的空隙，着手编纂这部大类书。 到康熙四十五年（1706年），编好送呈康熙，康熙定名为《古今图书集成》。在陈梦雷建议下，铸造铜活字，准备用铜活字印刷。由于拖延，到康熙死时仍未付印。可是到了康熙第四个儿子雍正即位后，这部书连同它的编纂人都遭到了厄运。雍正是与兄弟互争储位取得胜利登上皇位宝座的。在即位以后，就杀戮他的兄弟，连他兄弟的幕客也不轻饶，陈梦雷也以"招摇无忌"莫须有的罪名，被流放到塞外，陈梦雷编纂的《古今图书集成》也被说成"既多讹谬，每有缺遗"，由蒋廷锡为总纂带着一班人重编。其实陈的原稿并未废弃，陈梦雷的铜活字也被采用进行印刷，可是书内对原编纂人陈梦雷却一字未提。至于这套铜活字，虽仍用来印《古今图书集成》，但到乾隆时，乾隆皇帝为了铸钱，竟将它全部熔毁。这种行为正像《书林清话》说的那样"所得有限，而所耗甚多，已为非计，且使铜活字尚存，则今日印书不更事半功倍乎"。从这里可以看出在我国古代，许多科学技术成果往往因封建统治者的愚昧而遭到厄杀。

　　清代铜活字，除内府之外，民间也有，其中以福州林春祺的"福田书海"最为知名。林春祺一生致力于铜活字制造，先后投入了 20 多万两资金，费了 21 年的时间，到 1846 年制成精美的楷书大小铜字 40 多万个。这套活字之所以叫"福田书海",是因为林春祺是福清县龙田人的缘故。他印刷过《音论》《诗本音》等书。他还写了《铜版叙》一文,记述了他造字的原因和经过。这是关于金属活字制造方法的仅有文献,值得重视。杭州,也有"聚珍铜版"和"福田书海"的字体相似。此外,1807年满族人武隆阿曾在台湾制造铜活字,印成《圣谕广训》。

清代的铜活字印本,流传到今天的还有一些,这些都很珍贵,成为现存的善本。

2. 清代的木活字印书

清代木活字的流行更为广泛,各地的官衙、书院以及某些官书局,逐渐都有了木活字。私人也有很多用木活字印书。特别值得一提的是乾隆时期《武英殿聚珍版丛书》的印刷,是木活字印刷史上继王祯木活字后又一次重大事件,从此木活字印刷又进入一个新阶段。

1773年,乾隆在校辑《永乐大典》零篇散篇及各省所呈遗书时,指出选择一部分世所罕见而裨益于世道人心的书籍刊刻流通。当时四库馆副总裁金简考虑刻书数量浩大,如果采用雕版,将来发刊,不仅版片浩繁,逐步刊刻也需时日,不如用枣木活字刷印各种书比较简省。而且他从人力物力方面作了仔细计算,他以雕镌《史记》一部为例来比较雕版与活字的省费。一部《史记》要雕版2675块梨木板,刻写118.9万字,刻工费用要1450两白银,所刻版片只能印《史记》一书。如用木活字,只要刻10万个木活字,连工带料也不过1400多两白银。而有了这样一份木活字,以后印什么书都可以使用。乾隆皇帝认为这个建议很有道理,立刻批准,由金简负责筹办。他嫌活字版这个名称不雅,改名为"聚珍版"。

1774年,金简刻成了木活字25万多个,连同备用的枣木子,排字的楠木槽板,拣字归类的木盘、套板格子、字柜等,一共用了2339多两银子,比原来估计数还要低。用这套木活字先后印成了《武英殿聚珍版丛书》134种,2300多卷。

金简把他造枣木活字刷印《武英殿聚珍版丛书》的经验,写成了《钦定

《钦定武英殿聚珍版程序》（清代金简撰）

武英殿聚珍版程序》一书。这次木活字印刷活动，在印刷工艺上比王祯的活字法有了不少改进。例如，王祯是在整块木板上刻字，再一一锯开修字，而聚珍版是先做好一个个小木板，在小木板上刻字，这当然比锯开木板修字要省事。还有王祯是把字排在板上，再用竹片夹字界行。而聚珍版是用梨枣木刻成十八行的木刻套板，再把活字排在木格内，这显然更容易排得整齐。更突出的是，他创制了贮字的字柜，把全部活字分别装在 12 个大字柜里，每柜有抽屉 200 个，每个抽屉分大小 8 格，每个抽屉都标明某部某字和笔画数，由专人负责拣字。这是现代排字字柜的原型。

自从《钦定武英殿聚珍版程式》介绍了这种简单方法以后，全国纷纷仿行。清代用活字印的书籍内容非常广泛，有经书、字书、正史、传记、家谱、奏议、目录、方志、游记、兵书、医书、农书、类书、工具书等以及民间文学作品，如弹词、唱本、鼓词、小说等。古典文学名著《红楼梦》就排印了 3 次。那时北京隆福寺街东口内的聚珍堂书坊，就多用活字排印通俗文学作品，自兼发行，流传很广。直到欧洲近代铅印术传入，木活字的使用才逐步结束。

3. 翟金生和泥活字印书

清代采用活字印书影响大的，除铜活字、木活字之外，就要数泥活字了。清道光十年（1830 年），苏州人李瑶在杭州雇佣人手制作胶泥活字，印成了《南疆绎史勘本》56 卷，80 部。两年之后，李瑶又在杭州印刷了他自编的《校补金石例四种》17 卷。李瑶是现知清代使用泥活字印书最早的人，而清代使用泥活字印刷图书在技术上富于创造性，影响又最大的则是翟金生。

翟金生（1821 年—1850 年），字西园，安徽泾县西南水东村人，秀才出身，靠教书为生。他能诗善画，颇具艺术才能。因感于当时雕版印书费用昂贵，许多好书无力刊行，于是不顾"家徒壁立，室如悬磬"的贫穷处境，下定决心，动员全家人力、财力，仿照沈括《梦溪笔谈》中记述的宋代毕昇造胶泥活字印书的方法，制作胶泥活字印刷图书。为了发展活字印刷技术，他把一生的精力都倾注于造字印书上了，以至于如醉如痴，不知终老。经过 30 多年的不懈努力，他研究、制作了泥活字 10 万多个。这批泥字全是宋体字，分为大、中、小、次小、最小 5 个型号。翟氏的制字方法大概是先做木模或铜模，后造泥字，入炉烧结，再加修整。安徽省博物馆、中国历史博物馆和中国科学院自然科学史研究所等单位，都收藏有从水东村搜集到的翟氏泥活字实物，其中还有泥胎正写阴文字。经研究发现，这些正写阴文字是用胶泥制出反写阳文字用的字模。另外，从翟氏所印书中发现，许多不同位置上相同的常用字，如"之""也""其""矣"等，字形完全一样，可见是用同一字模制造出来的。由此，人们得出了这样的结论：翟金生制作泥活字的方法，是先用胶泥、木头或者铜板刻成正写阴文字模，再把干湿适度的胶泥填抹于字模中，取出后便可得到反写阳文单字，加以修整后，用火烧结，使之坚硬。这样，一个个胶泥活字就制成了。从工艺上看，翟氏造泥活字程序已经很近似于近现代模铸铅活字的方法了。因为这种制造工艺很复杂，一套活字耗费的工时和钱财都会很多，所以，他才竭尽全力，与自己的儿子翟一棠、翟一杰、翟一新、翟发增等一齐上阵，历时 30 年，才完成了活字的制造工作。

道光二十四年（1844 年），翟金生已到古稀之年了。他开始用这套泥活字试印自己的诗集《泥板试印初编》。印刷中，除他和儿子们一起造字、备字外，其孙子翟家祥、内侄查夏生负责拣字排版，学生左宽等负责校对，外孙查光鼎等负责归字，参加工作的有家人、亲朋和学生 10 多人，真是家里家外一齐动手。此书采用白连史纸印刷，笔画均匀，纸墨精良，是泥活字版印书的成功之作，北京图书馆有藏本。翟金生称自制的泥活字版为"泥斗板"，又叫"澄泥板"或"泥聚珍板"。

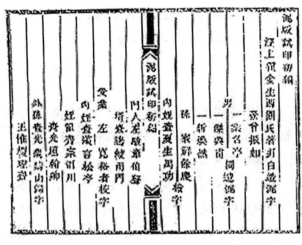

《泥版试印初编》（翟金生用泥活字印刷）

为了纪念由他自著、自编、自己制字排版、自己印刷的这部图书的成功出版，翟金生写作了 5 首五言绝句印于书中，描述了他集作家、出版印刷家于一身的工作情况及心情。

一生筹活板，半世作雕虫；
珠玉千箱积，经营卅载功。

——《自刊》

不待文成就，先将字备齐；
正如养兵足，用武一时提。

——《自检》

旧吟多散佚，新作少推敲；
为试澄泥板，重寻故纸堆。

——《自著》

明知终复瓮，此日且编成；
自笑无他技，区区过一生。

——《自编》

雁阵行行列，蝉联字字安；

新编聊小试，一任大家看。

——《自印》

这几首绝句虽近乎白话，但它的确是翟金生30年竭尽心力造字印书甘苦心躯的真实写照。从中，我们可以体验到一位为活字印刷术奋斗终生的老人，在成功面前的兴奋心情。

在翟金生印刷其《泥板试印初编》时，他的朋友黄爵滋见到后非常羡慕，就请他印刷自己的诗集《仙屏书屋初集》。翟金生欣然应允，并于道光二十八年（1848年）印成《仙屏书屋初集》400部。书的封面上印有"泾翟西园泥字排印"小字两行。书中载有黄氏《聚秀轩泥斗版》一篇，对翟金生造字印书的功绩大加赞扬。

4. 清代的瓷、锡活字印书

除采用铜、木、泥活字印书之外，清代还出现了使用瓷、锡活字来印刷图书。

所谓瓷活字，就是在泥字坯上涂釉后烧制成的陶瓷活字。大约在康熙末年，山东泰安人徐志定创造了瓷活字版。康熙五十八年（1719年），徐志定用瓷活字版印刷了张尔岐的《周易说略》和《蒿庵闲话》两书。《周易说略》封面上印有"泰山瓷版"四字；《蒿庵闲话》书末印有"真合斋瓷版"五字。两书中的字体均大小不一，且相同的字大的都大，小的都小，墨色也浓淡不匀，字往往随直行行线歪斜，行成弧形，边栏有大缺口。这些都说明其为活字版所印。清浙江山阴（今绍兴县）人金埴在《巾箱说》中记述道："康熙五十六七年间，泰安州有士人忘其姓名，能锻泥成字为活字板。"金埴虽未能记下制活字版人的姓名，但其所述地区、时间与徐志定印书之事均相符合，所以人们都认为他说的就是徐志定造瓷泥活字版印书。另外，瓷活字的制作是在泥活字制作基础上进行的，只是在泥活字做成之后，又在表面加瓷即成。加之上述金埴关于"康熙五十六七年间"，泰安有人"能锻泥成字为活字板"

的记载，则证明那时确有人能制作瓷活字了，这虽系个别现象，也不见有印本流传，但其掌握的制作瓷活字的技术却比道光间李瑶、翟金生用泥活字印书要早100多年。

锡活字的创造起于宋末元初。明代又有华燧"范铜板锡字"印书。至清道光末年，广东佛山有位姓唐的出版家又大规模地铸造锡活字，并用来印刷了许多图书。

当时，佛山的工商业很发达，经济繁荣，是清代著名的大市镇。由于商市繁华，赌博和押彩等活动也很普遍，彩票的印刷量很大。唐氏铸造锡字，最初就是用来印刷彩票及广告的。道光三十年（1850年），唐氏开始大规模地铸造锡活字，当年就铸成了两套活字，共有15万多个。他先后花费了1万多元的资本，铸成了3套锡活字，共20多万个。这3套活字，一套是扁体中号字，可用以印刷图书正文；一套是长体小字，可用来印刷图书中的注释；另一套是长体大字，可排印图书标题及广告等。其扁体中号字为正楷；大、小两种长体近于仿宋体。三种字体都很美观、大方。

唐氏铸造锡字采用的是泥模。其方法是，先在小木块上刻成阳文反字，再把刻好的字盖印在澄浆泥上，形成阴文正写字字模，字模干结坚硬之后，再把熔化的锡液浇入模中，待锡液冷固了，敲碎字模，取出阳文反写的锡字，并加以修整，使其大小、高低完全一致。

唐氏铸造锡活字与15世纪德国谷腾堡用铅铸活字相比，在用料和工艺上有很大不同。谷腾堡系用铜模铸铅造字，工艺复杂，费用较高；唐氏用木材、泥土造模，不用价格昂贵的金属做模料，且字身比谷氏铅字短而省料，工艺又比较简便，更为经济。唐氏采用泥模铸字，正说明其铸字技术是继承了中国传统经验而创造的金

锡活字印样（广东唐氏）

属铸字法，同时也是明代华燧"范铜板锡字"经验的继承和发展。实际上早于唐氏之前，翟金生就采用过泥模铸字的方法，只不过他铸的是泥活字。这说明，使用泥模铸字的方法早就有了。所以，不少人认为宋末元初的锡活字很可能也是用泥模铸成的，这是有其根据的。

唐氏用锡活字印书的方法是，先按图书内容把锡活字拣排在坚固平滑的梨木字盘里，然后把四边扎紧，使单字不易活动。字盘上、下的横边和一个竖边各设一脊，与活字平面一样平，并与字面一起施墨，印成后，这三条线即为一面书的三个边栏。书的界行用黄铜制模，每面（半页）十行，中间用版心隔开。咸丰二年（1852 年），唐氏用自铸的锡活字排印了元马端临《文献通考》348 卷，共 19348 面，订成 120 巨册。此书纸张洁白，墨色均匀清晰，字大醒目，印造质量较高。这是现知世界印刷史上的第一部锡活字印本。唐氏还用锡活字印过别的图书，但书名已不可考了。殊为可惜的是，他所制作的 20 多万个锡活字，后来被清末义军熔化后制成枪弹了。

第五编　中国古代印刷术的应用

　　现在，从幼儿的看图识字，到大学生的课本、笔记本；从文艺作品到科学技术读物；从报纸、杂志到文件；从五颜六色的招贴广告，到各种地图、画册，都离不开印刷。大至广告，小到一块糖的包装纸，也都离不开印刷。其实，印刷术不仅现在是人类传播思想和文化知识最有力的工具，在遥远的古代，印刷术也是人们精神生活和物质生活不可缺少的东西。例如，纸币的发明和发展、报纸的起源和流行以及书肆的发展都与印刷术的发展有着千丝万缕的联系。

一、印刷术与纸币

纸币是我国人民在世界货币史上的一项重大发明，它的应用对世界经济发展有着重大影响。从 10 世纪发明以来迄今已有 1000 多年。刷印纸币不仅要求有高超的雕版印刷技术，而且印刷的数量庞大，是雕版印刷活动又一重要领域。

1. 纸币的发明和发展

纸币是社会商品经济发展到一定程度的产物，但纸币的产生除了经济条件外，更重要的还有物质条件和技术条件。第一，纸币是纸制品，由于纸币在流通过程中容易被磨损，要有性能耐磨的纸张，才能有纸币。第二，纸币又是复制品，只有印刷技术达到一定水平印得相当好时，才能有纸币。唐代用桑皮和楮为原料的桑皮纸和楮纸，质量已相当高。到唐代中期，雕版印刷技术也已达到相当高的水平。可以说到唐代中晚期，这几个条件都已具备了。

当然，任何事物总有一个逐步演变和形成的过程，纸币也不例外。在纸币产生的物质和技术条件具备后，并没有立即产生纸币，而是先产生一种萌芽形式。唐宪宗元和初年（806 年），由于钱少，又禁用铜器，于是采取一种变通的办法，也就是商人经过长安到全国各地经商时，把携带的钱存放在长安的政府机关里，政府就把一种契券发给他们，商人用不着携带钱币，只要拿着这个契券，到各地政府机关，就可以取钱。这种契券，称为飞钱。用这种方法，国家既可以少铸钱币，商人又省得带大量钱币行路。这实际上是一种异地兑现的汇票。

到了五代十国时，楚国马殷（852年—930年）铸大铁钱，由于用起来太不方便，市面上出现用契券交易的办法。虽然这种契券交易的详细情况不得而知，但这种契券可以代替钱币交易，显然比飞钱又进了一步，具有纸币的性质了。到了北宋初年，由于政局稳定，经济繁荣，这两种方式都有所发展。一方面宋太祖赵匡胤仿照飞钱制度在开宝三年（970年）设置便钱务，准许老百姓输钱给首都的左藏库，政府给予凭证，到全国各地凭证取钱；另一方面，民间使用契券交易也在继续发展。

在经济日益繁荣，以纸币代钱日渐普遍的情况下，纸币终于在经济发达、造纸印刷比较先进的四川产生了。大约在北宋初年，四川使用铁钱。由于铁钱体大值小，用起来非常不方便，有些商人就出具收据形式的楮券，临时填写金额。拿了这种楮券，就可以代替钱币在市面上使用，而且可以随时兑现。这种楮券有一定的形制，一般是两面印记，密码花押，朱墨颜色交错。楮券票面金额不固定，发行又比较零散，还不能算是最早的纸币。到宋太宗至道年间（995年—997年），改由几家富商统一印造联合发行，每一张楮券的票面印固定金额，金额分1贯到10贯几种。1贯的楮券称为"交"，这些楮券也就被称为"交子"。这是世界上最早的纸币。到宋真宗大中祥符年间（1008年—1016年），16家富商衰败，交子不能兑现。到宋仁宗天圣元年（1023年）开始由四川地方政府设立益州交子务垄断发行，并规定分届发行，三年为一届（一期），届满另换新券，专门在四川地方流通，后来又扩展到陕西。发行准备金（当时叫钞本）是铁钱36万贯。从此纸币成为国家的法定通货。

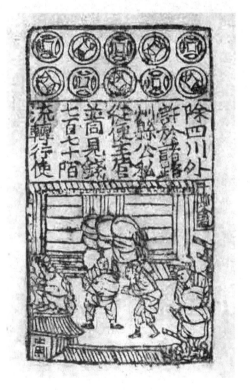

世界上最早的纸币——北宋交子

自从交子出现以后，从宋代到清末的 900 多年间，纸币有过不同的名称。

宋代在交子之后，到宋徽宗崇宁大观年间又发行一种叫作"钱引"的纸币，代替交子，并改交子务为钱引务，而且把发行地区扩充到四川以外的全国各地，从此纸币成为全国通行的法定通货。到宋高宗绍兴三十年（1160 年）又发行了一种叫作"会子"的纸币，也通行全国。

北宋时交子的发行不超过准备金，所以币值稳定。可是钱引只发行于北宋末南宋初，会子只发行于南宋。当时军费浩繁，财赋不足，只好增发纸币来补偿，钱引和会子的发行数量远远超过准备金几十倍，成为不兑现的纸币。而南宋末的淳祐六年（1246 年），会子已增发到 65000 万贯，200 贯会子买不到一双草鞋。

金人发行的纸币称为"交钞"。和南宋一样，金代也用滥发纸币的办法来弥补军费，而且发行数量之大，有过之而无不及。到元光元年（1222 年）交钞 1 万贯才能买到一块饼。不过把纸币称为"钞"，是从金代开始的。

元承金之后，纸币开始也称为交钞，但后来称为"宝钞"。元代纸币流通的方法相当完备，采用的制度不仅在中国是首创，在世界上也最早。一方面元代采取纯纸币流通的政策，禁用金属货币，专用纸币；另一方面，元代集中现银于国库，有强大的储备金，并设立平准库，买卖金银维持币值。元世祖至元年间，纸币币值相当稳定。马可·波罗的著作，曾对此有一段出色的描绘，不过到后来连年用兵，军费浩繁，也不顾币制，大量增发纸币。到元末，宝钞 10 锭不能换斗米。

明代开始曾沿用元制，采用纯纸币政策。但不久即钱钞并用，发行

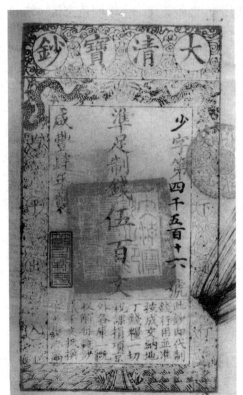

大清宝钞（清代印刷）

大明通行宝钞，而且只发不收，后来愈发愈多，不到百年，就因通货膨胀而不得不废钞用银。

清代早期未发纸币，到咸丰三年（1853 年）才印发"户部官票"和"大清宝钞"。因不能兑现，钞值日跌，只用了 10 多年就停止使用。但此后"票"字也成为货币的代称，"钞票"这个名字就是从这里来的。

2. 纸币的印刷和形制

纸币的印刷不同于一般书籍，我国过去雕版所印书籍，一般只有几十到几百部，很少到千部，而纸币的印数是以多少万计的。要印刷这样庞大数量的纸币，一般印刷用的木版已不能胜任。因为木质容易磨损，所以印纸币一般不用木版而用金属版，特别是铜版。这可以从现存古代印纸币的钞版和有关文献得到证实。《文献通考》就说宋代"印造铜版"。现存宋代"行在会子库"钞版、元代"至元宝钞"钞版和金代"山东东路交钞"钞版都是铜版。

当然，历史上也有过用木版印纸币，像元世祖中统元年（1260 年）发行的宝钞就用木版印刷，一直到至元十三年（1276 年）才改用铜版。因而我们可以想象宋代在开始印制纸币时可能由于过去一直用木版印刷，到后感到木版不理想，才改用铜版。至于何时开始用铜版印纸币，由于过去文献没有这方面的记载，很难确定。不过宋太宗初年（976 年）曾经颁行一种在铜版上刻反文的"书范"。既然早在纸币产生之前，已在铜版上刻字，在纸币用木版印刷不理想时，当然很容易想刊用铜版印刷。因而估计铜钞版的应用不会太迟。

元代至元宝钞版

　　至于制造铜钞版，当然和木版不一样。制铜版有三种方法：一种是铸造，在陶范上刻出所需的图案，再浇铸成带有图案的铜版；第二种方法是镌刻，即用刻刀直接在铜版上刻成所需的图案；第三种方法是腐蚀，即在涂有蜡膜的铜版上镌刻图案，剔除没刻图案的蜡膜，将整块铜版浸在酸里，经过酸的腐蚀，铜版上就出现所需的图案。铜钞版究竟用哪种方法制造，由于过去文献没有明确的记载，因此还不能确定。另外，腐蚀的方法虽然比较先进，但我国过去的文献没有提过。而铸造的话，我国早在商代就铸造大量纹饰精致的青铜器。刻铜虽比铸铜迟，但在纸币出现之前的宋太宗初年已经在铜版上刻字。所以我们认为铜钞版肯定是用铸铜或刻铜这两种传统的方法。

　　除铜版外，还有人用锡版印过纸币。在明初，南京附近有银匠用锡刻了仿钞版，纹理分明，和真的一样。虽然锡版印纸币因印制人以造伪币被杀而中止，但这件事本身却是制版技术史上一项创造。

　　纸币的形制，从宋到清都是长方形的，尺寸不一。一般地说，面值大的（大钞）尺寸大些，面值小的（小钞）尺寸小些。为了防止伪造，票面上除配印有精美复杂的图案（钱币图案和装饰性花纹）外，还有文字（币值名称和法令），再加盖一些不同颜色的印记。一枚纸币，也可以说是一张版画，还可以说是一张具有初步萌芽形态的套印版画。

　　从宋以来，纸币票面上的图样，并不完全一样。据记载，宋代发行的钱引上面的图样是很精美的。宋大观元年（1107年），政府把交子务改为钱引务，发行钱引。这种由中央政府发行的钱引票面就是一张萌芽形态的套印版画。元代费著在他的《楮币谱》一书中，对钱引票面图样有过详细的介绍。据说在钱引票面上要用六颗印："敕字印"是第一颗，"大料例"是第二颗，"年限印""背印""青面印""红团印"是第三、四、五、六颗。前四颗用墨色，第五颗用蓝色，第六颗用红色。每印都有装饰花纹。"敕字印"上有的是金鸡、金花、双龙或龙凤。"青面印"有的是花木、动物、景象，像合欢万岁藤、蜃楼去沧海、鱼跃龙门、缠枝太平花。"红团印"和"背印"则是图画故事。"红团印"有龙龟负图书、孟尝还珠、诸葛孔明羽扇指挥三军、孟子见梁惠王。"背印"有吴隐之酌贪泉赋诗、武侯木牛流马运输、舜造五丝琴以歌南风等。这些图案，每届（期）不同。文字的内容一般写明届分（期数）年号等等。在钱引发行的同时，还有一种纸币，既无年份，又没有名称，人们也把它称为钱引。

会子的票面图样不如钱引精美，上半是文字，下半是花纹图案，中间是一横行大字"行在会子库"。上半文字分为三栏，最右一行是面值金额，最左一行是料号（批号），中间部分是赏格文字法令。

金、元、明的纸币——交钞或宝钞——票面纹样和钱引、会子都不一样，基本上是上面一行横书大字"×××宝钞"，然后围以花栏。花栏中间，上面是面值金额和钱币图案，下部是赏格法令。四周的花栏图案纹样，有精有粗，粗的如元代至元宝钞；精致的如"大明通行宝钞"，四周各画一龙，不但造型生动优美，而且镌刻精细。

这些不同风格的版画，可以说是雕版工人精湛技术的产物，它开辟

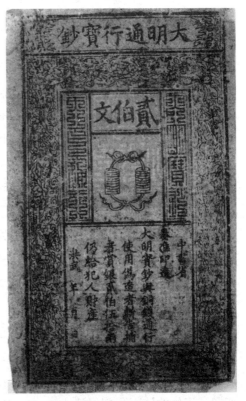

大明通行宝钞（明代印刷）

了中国版画的一个新方面，丰富了版画的创造。

中国的纸币和纸币印刷技术也影响了邻国和更远的地区，最后使纸币遍及全世界。明代初年，朝鲜就曾模仿中国使用过纸币。据说在 13 世纪，日本在足利将军时代也用过钞票，虽在 1319 年停止发行，但据说到 15 世纪还有流通。波斯（伊儿汗国）的凯哈图汗（亦称乞合部）在 1294 年也发行过纸币，票面就有"钞"字，格式全同元钞。欧洲由于印刷术出现比较迟，所以印发纸币的时间也比较迟，一直到 1658 年瑞典才第一次出现纸币。此后，在美洲、澳洲又出现纸币。由我国 10 世纪发明的纸币经过几百年的时间，终于传到全世界。

3. 雕印好手与南宋伪钞案

1138 年，南宋定都临安（今杭州）。经济繁荣、生产发达的浙江地区，成了当时的政治、经济、文化中心。盛产纸张的浙东、浙西，给雕版印刷书籍提供了便利的物质基地。因此，有不少地方像临安、绍兴、吴兴、衢州、婺州、温州、建德、台州等地成为刻书名地。同时，出了不少的雕印良工，这些能工巧匠镌刻了许多名贵的版本，给后世留下了很珍贵的文物。

话说，一个叫蒋辉的刻工，原是衢州（今浙江衢江区）人，学得一手刻印技艺。南宋淳熙四年（1177 年），厄运开始和他结了不解之缘。这一年，因为他牵连进一件伪造会子案件里，被临安府充军发配到台州军牢城。蒋辉是个普通刻工，到了台州军牢营，被分配到"都酒务"去服役。过了一段时间，他用每月的饷银雇来本地人替他干活儿，腾出时间，去干雕刻书版的活计，生活还算说得过去。

南宋淳熙七年（1180 年），唐仲友正做台州知府，他动用公使库银刻书。宋代地方官府刻书，本是很普通的事。3 月，唐找来蒋辉、王定等 18 个人，"开局"（即建立刻书班子）刻了荀（荀子）、扬（扬雄）、韩（韩愈）、王（王通）四子，字仿欧体，写刻俱精。

真是一波未平一波又起。8 月 13 日，婺州义乌县的弓手（公差）逮捕了蒋辉，要他去和伪造会子的人对质。按照例行手续，应该由那里的地方官府出公文到台州才可以提人。这个公差，没有履行例行手续，径直来捕人。知府唐仲友钻了这个空子，在蒋辉身上打定了鬼主意。

当时，唐仲友命令负责雕书局的董显，把蒋辉追回，并借公差违反规定乱捕人为由，把公差押送回去。同时，让蒋辉不回牢城，就住在雕书局里。这样做，只是为了让蒋辉觉得唐仲友救了自己，好对他感激涕零，以便进一步实现他的打算。

10 月，提刑司果然来了公文提人。事情发展得如此急转直下，打乱了唐仲友的计划。他又生一计，一面叫人把蒋辉带到自己家里，藏在后院，表示对他的进一步保护；一面支吾搪塞，想法拖延，以便争取时间，实现他的打算。

3 天后，唐仲友亲自出马，对处于不利境地的蒋辉，毫不绕弯地说："我救了你！有点事让你办，你肯不肯？"

"当然可以。什么事啊？"

"我要做点儿会子。"

"啊！出了事可怎么办？"

"这你甭管。你只依我去做，不然，就送你入狱囚死。你是个配军，谁来管你！"

又是威胁，又是利诱，蒋辉只有俯首听命，没有什么可选择的了。第二天，唐仲友差一位叫金婆婆的人送饭来了。心里七上八下的蒋辉，惶惶不安，试探地问："哪儿弄纸去啊？"

"你甭管，唐大人让我儿子去乡下弄庵头封去了。"

又一天，金婆婆拿来了一贯面值

《荀子》（刻工蒋辉刻）

的会子描样，图案的人物是接履先生的样子。据金婆婆说："这是住在大营前一个名叫贺选的人描画的，描得逼真极了。他是唐知府的心腹。"

蒋辉用金婆婆拿来的梨板，在10天内雕成了会子钞版，装在藤箱内，由金婆婆带进宅去。钞版有了，纸还没有弄来。唐仲友见缝插针，一刻也不放松榨取这位可悲刻工。两天以后，金婆婆和另一个公人，又拿来了10块梨木板和《典丽赋》一书的写样，让蒋辉镌刻，还说什么"怕你手闲"。为了最大地榨取蒋辉，这个公人还诱惑地说："你要是干得好，唐大人3年任满，会把你带回婺州家乡，好好地照顾你一辈子！"

12月中，纸终于弄来了，钞版以及土朱、靛青、棕墨等颜色也拿来了，蒋辉用了一天，印了两百道。第二天，金婆婆又拿来一贯朱印和管理官印的描样，自然还是出自那个贺选的手。

从12月到翌年7月，蒋辉先后印了两千多道。宋代开始印刷纸币，其票面图案，就是一张精美的版画。在不到一年的时间里，这位雕印工人，不仅雕印会子钞版，雕镌官印，还用土朱、靛青、棕墨三种彩色，制造出复杂的彩色版画。

7月26日，金婆婆神色异常地跑了进来，急急忙忙地说："你……你快从后边出去躲起来，提举司已经封了各库，怕要来这里搜你！"

蒋辉匆匆地爬梯翻过后墙，到了唐家宅后面就被公人捉住，投进了绍兴府狱。一个雕版良工终于做了囚徒。

一个堂堂六品官，利用刻工蒋辉的不利处境，胁迫他偷偷地干那肮脏的勾当——伪造纸币。一个处于社会底层，靠出卖劳力生活的雕印工人，怎么能惹得起知府大人呢！利用完了，一切好话便宣告无效，最后等待他的还是牢狱。

二、印刷术与织物印花

我国是丝绸织物的故乡，我国的传统织物驰名世界，丝绸的织造技术，曾经创造出古代世界的最高水平。我国用家蚕丝纺织丝绸，已知有约7000年的历史。正因为一向以质优色美著称，所以丝绸很早就远销亚非和西欧。

中华民族又是一个爱美的民族，最早的织物是通过染色和刺绣加工些花样装饰，以后逐渐地摸索出利用木版来染印花样，其方式和早期的雕版印刷相似，不过雕版印刷印在纸上，而织物印刷则是印在织物上，所以也有人称为织物印花。

1. 织物雕版印花的发展

我国很早就掌握了利用矿物和植物染料对丝织品进行染色的技术。《周礼》就有"染人掌染丝帛"的话。但雕版印花起于何时，现在却很难查考。据唐刘存撰的《事始》中引用《二仪实录》中说："秦汉间有之，不知何人造，陈梁间贵贱通服之。"这说明秦汉之间已经有了。到南北朝时期，不论贫富都穿着印花的服装。汉元帝时的黄门令史游著的《急就篇》，记有形容当时的印染织物如同春草刚刚出土那样纤丽，印的鸡尾翘起像曲垂飞舞，印染的色度深浅匀称，层次分明，印花的图案线条纤细秀丽，形象非常生动。

古代织物的雕版印花有两种方法：一是刻有阳文的木版印花，大致上和雕版印刷相似；另外一种是刻有花纹的纸版漏印，很像今天的油印和丝漏印刷，唐代称为"夹缬"，就是用两块木板，雕刻成同样的花纹，把需要印染

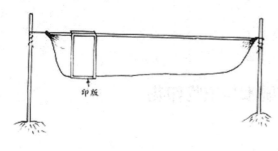

夹缬图

的织物，对折夹入两块雕版中间，然后再在镂孔版处印花，称为对称的花纹。白居易有"成都新夹缬，梁汉醉胭脂"的诗句。

宋王谠撰的《唐语林》中记有唐玄宗时，有柳姓女，异常聪慧,她请镂版工匠雕刻成各种花卉,印在织物上。后来她献一匹给王妃后，玄宗见了大为欣赏，就令在宫中依法印制。开始时不许外传，后来逐渐流行，成为普通的衣料，以后又传到日本。到现在日本还保存着唐代有花卉、羽毛图案的实物。

从南宋唐仲友这个人身上也可以看出织物印花和纸张印刷之间的关系。唐仲友任台州知府时，一方面支用官钱，刊刻赋集子书，将其雕好的版运归私办书坊，牟取私利；另一方面，他又命令工匠雕造花版数十片，作为彩帛铺印染之用。这可以证明，纺织品印染用的雕版和印刷书籍用的雕版，同出于一班雕刻工人之手，其版甚至可以通用，只是花纹和文字有别而已。正因为有这一个例子，有的学者认为雕版印刷促进彩帛铺染彩业之翻新。从唐仲友身上得出雕版印书促进织物印花的结论，自然是片面的，很难说是正确的，因为对中国来说，在雕版印刷通行以前很长一段时间，就有了织物印花，谁促进了谁，是不言而喻的。

到了元代，人们仍用雕版印染彩帛。曲阜人孔齐在他所著的《至正直记》中，有关松江花布的记载有："近时松江能染青花布，宛如一轴苑画，或芦雁，花草尤妙，此出于海外倭国，而吴人巧而效之，以木棉布染，盖印也。"他说元代仍用雕版印棉布花纹，这是对的，但他说的松江染青花布是效之于日本，就大错特错了。因为这种印花技术，不是元代吴人巧而效之于日本，而是唐代日本人巧而效之于中国。

欧洲在6世纪左右有了雕版织物印刷，而雕版印刷却在14、15世纪才出现,相隔八九个世纪；中国在2世纪就有了雕版织物印花,而雕版印刷的实物，却在9世纪后期，相隔10个世纪。正因为这样，美国学者卡特说："织物的印花，特别是这种图像印花织物，其在为纸上的雕版印刷开先路的准备工作起有一部分作用，是不容怀疑的。"不论在亚洲、欧洲，织物印花都早于雕版印刷。

我国印花织物与早期的雕版印刷的关系是非常密切的。因为在我国，纸张出现以前，就有了很高的雕版印花的技艺，因此雕版印花促进了雕版印刷的发明和发展，是不容置疑的。只是在织物印花和雕版印刷同时存在以后，才有互相仿效，互相促进的关系。

2. 马王堆汉墓出土的印花织物

从现代的角度来看，织物印花和印刷的关系已经不太密切了。但古代的织物印花和印刷的发展关系是非常密切的。正因为这样，研究者们的观点颇有分歧，有的认为雕版印刷促进了织物套色印刷的发展，有的则认为织物印花促进了雕版印刷和套色印刷的发展。随着我国出土文物增多，特别是长沙马王堆出土了一批远在 2100 年前的汉代印花织物，人们才认为应对过去的认识和理论加以重新研究。

在这批出土的织物印花品中，有两件完整的印花纱。它的雕版方法和套印方法，引起了人们的极大兴趣。这两件印花纱，一件宽 47 厘米、长 64 厘米，另一件大致相同。其图案是由 4 朵有变化的云纹组成，云绞为银色，饰以金色小点。一般认为这是由两块木刻的阳文版组成，就是一块版印一朵云纹，一块版印小圆点，这样一个完整的图案需要印刷 4 次，再加套印小圆点 4 次，共需套印 8 次才能完成。不用说在 2100 多年前，就是在今天套印 8 次，能够次次准确，也需要精密的机械和精良的技术才能达到。两千多年前，我国人民高超的织物印花技艺，在马王堆实物出土之前，是难以意料到的。

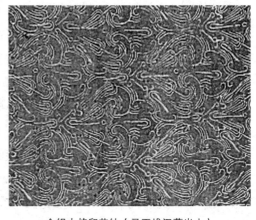

金银火焰印花纱（马王堆汉墓出土）

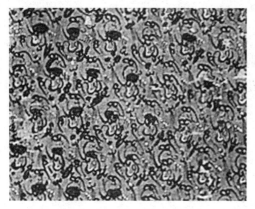

漏印敷彩纱（马王堆汉墓出土）

这次出土的印花有以下特点：

第一，全幅印花，花纹规整，线条清晰、匀称，且有弧度。

第二，在同一印版上的两朵云纹之间，距离相等，而和另一块印版的云纹之间，距离则有大有小，有上有下，有左有右，有的套印不准。

这次出土的印花织物，有印花和印花敷彩两种。花纹有印银白云纹灰色纱和印茱萸花敷彩柘黄纱。

印花，是以灰色方孔纱为地本，用白色和银粉套印成白色细线条、金色小圆点的云纹图案，花色淡雅，线条匀称，弧度较大，光洁挺拔；金色小点，圆厚细致，立体感强。印花敷彩是以柘黄色方孔纱为地本，先印出黑色的茱萸花枝干，再用白粉、朱红、蓝、黄等颜色，手工敷彩枝叶，花纹较小，色彩调和，线条秀丽，笔触明显，别具一格，总的给人以线条匀称，用色浑厚，立体感强，花地清晰，全幅都能印到之感。从以上可见当时配料工艺之精，雕刻技术之高，印染方法之妙，都达到了极高的程度，充分说明，当时织物印花技术已经不是最初阶段，而是有一段较长时期的改进发展过程。

这种织物印花技术和雕版印刷技术十分接近。可以设想，那时既然能够掌握这么高的织物印花技术，那么把它移用到印刷术上来，应不会有多大的困难，只要把这套工艺用在纸上，就成了雕版套色印刷物了。马王堆墓主埋葬的时间，离现在已经2100多年，我国在那时就掌握了如此高超的织物印花技术，的确是一个惊人的奇迹。这比埃及在6世纪左右有了雕版印花技术，要早七八百年；比欧洲所发现的最早的印花织物（出于法国南部的一座主教的墓中，时间为502年至543年），也要早六七百年；比日本奈良故宫里保存的印花丝织，要早900多年。中国既是发明雕版印刷术的国家，也是织物印花的起源地，这充分地显示了中华民族的智慧和创造才能。

另外，1959年以来，我国先后在新疆吐鲁番出土了一批唐代丝织物，为我们提供了研究唐代丝织物印色的宝贵实物。

这些丝织品的印花，经过化学分析和工艺试验发现，有的印花纱印花不染色；而印花绢，大都是先印花后染色，有的套印三色，有的套印两色。三色的有土黄、黄、白三色。第一版先印白色花纹，第二版套印黄色花纹，第三版再套印土黄色小花，最后染以地色。这种织物印花方法，和山西应县出土的辽代佛像印刷方法大致相同，可见唐、宋、辽的织物印花，对雕刻印刷术是有一定的影响的。也可以这样说，纸张的套色印刷来源于织物的套色印花。

　　从新疆出土的印花织物，是用镂孔版印刷的。因为这些丝织物花纹均为间歇线条组成，凡印花清晰的，圆圈都不闭合，就是圈内和圈外有一条线连接，这些现象都是钻孔版的特征。特别这些小圆圈直径不超过 3 毫米，围内圆点直径只有 1 毫米左右，这用木板很难雕刻出来，所以有人认为这是用一种特制的纸板镂孔印成的。说明了我国丝织印花工人在盛唐以前，就掌握了一种特制的镂孔纸版的技术。

三、印刷术与报纸

报纸是传播消息最快的传统出版物，它在报道政治、军事动态和文化交流方面起了特殊的作用。它也是我国发明的，是我国在文化事业方面的另一重大贡献。

1. 报纸的起源和流行

关于报纸的起源，可以上推到公元前的周代。当时各国史官总是把政治、军事方面的大事记下来让大家知道。像《春秋》这部书就是记载春秋时期政治军事大事的书。宋代王安石认为《春秋》实际上是一种"朝报"，可以说这是报纸的滥觞。

当然，《春秋》毕竟仅具有大事记的性质，还不是真正的报纸。真正的报纸出现于西汉。西汉时，诸侯王在首都长安设了一个机构，诸侯王到长安朝见皇帝时住在那里，平时被官员驻守。这种机构称为邸。这实际上相当于现在的驻京办事处。地方驻守在邸的官员经常抄录诏令奏章和记载政府动态向诸侯王报告。这种报告就称为"邸报"。当然，这种报告式的邸报还不是现代意义上的报纸。

后来，统治者认为邸报既然起了传达政令和通报消息的作用，有必要控制它的内容，改由国家派专人编写并由专门机构出版。如唐代由"上都邸务留守所"（后来改称"上都进奏院"）专门出版邸报。由宰相撰录每天的政事，再由起居郎记录送交史馆。上都进奏院就根据这个记录抄发邸报。邸报在发行前还指定大员核定，有时甚至由皇帝亲自审定。这时邸报发行的对象也不仅是地方长官，而是广大官员。所以这时的邸报实际上是由国家发行的报纸。

邸报

统治者控制邸报的内容可以从下面几件事看出来。如宋高宗为了与金议和，禁止在邸报上透露有关金军侵扰的消息。再如明末农民起义军已经动摇明帝国的统治基础，而后金（清的前身）又崛起于辽东，威胁明帝国的左翼。崇祯帝为了加紧对农民军的镇压，企图与清军议和，以便集中兵力消灭农民军。因此，他禁止在邸报上透露有关李自成等义军的情况，又禁止透露议和的消息。一次，兵部尚书陈新甲在邸报上泄露了与清军议和的消息，结果被崇祯处死。

邸报既然反映政府动态，自然受到士大夫的重视，希望从中得到所需要的消息。例如，唐德宗李适（742年—805年）时，诗人韩翃，很久没有授新职。一天快半夜了，敲门的声音很急，客人进来后立刻说："恭喜！恭喜！你被任命为驾部郎中知制诰了。"韩翃很惊讶，说："大概闹错了吧？"来人说："没有错，邸报明明写着制诰缺人，中书两次提了你的名字，接着又提了第三次。"由此可见，求官的人是多么重视邸报所通报的消息！

随着邸报的发展，在它上面所登载的消息，除政令之外，有时也刊登一些社会消息。

元代，有一个浙江人叫王克仁。一次，他家被火烧毁，当地人就称他为"王火烧"。浙东的方言是王、黄不分的，恰巧有一名叫黄瑰的浙东人，做大理评事，御史弹劾他说："他干坏事太多了，以致天怒人怨而遭天谴，火单单地烧毁了他家。"因此，当地人把他叫作黄火烧。邸报刊登了这一张冠李戴的事情，被又一个叫李应麟的浙东人看到，李和黄是近邻，李一见大吃一惊，认为自己家也被延烧，急急忙忙向制使李应山请假要回去看看。制使很同情，便赠送给他两万贯纸币以示慰问。谁知李到家一看，才知道以讹传讹，张冠李戴，一场虚惊。

除邸报之外，宋代从北宋开始又发行了一种流行很广的报纸——小报。它是由与邸报发行有关的中下级官员和书铺联合发行的。小报的内容有些是邸报不发表或尚未发表的文件和消息。例如南宋初年奸臣秦桧逢迎宋高宗的意见，一力主张对金妥协，镇压抗金斗争。胡铨上书高宗，要求杀死秦桧。胡铨的奏章邸报没有发表，而小报却全文登载，茶馆酒肆，争相传阅。由于小报透露了不少内部消息，因而受到广泛的欢迎，发行量相当可观。当时人们对小报所报道的新的消息，称为"新闻"。"新闻"这个名词与报纸联系起来就是从这里开始的。

明代后期，为了更广泛地传播政令，朝廷准许商人抄录邸报，翻印出版，这种翻印的邸报因在北京出版，被称为"京报"。京报的读者对象是民众，从此报纸发行的范围突破了官吏阶层，而进入民间。出版这种京报的机构，称为"报房"。第一家报房出现于明代万历年间（1573年—1620年），后来发展到几十家。到明末，南方各地也有了报房。京报的内容主要来自邸报，以传达政令为主，但有时也附带刊载一些社会新闻。像1626年3月，京报曾报道北京火药库发生爆炸，毁房几万所，伤亡1万人的消息。

2. 报纸的印刷

邸报出现于汉代，那时印刷术尚未发明，当然用抄写的方式。问题是，在印刷术发明以后是什么时候开始印刷邸报的，清末孙毓修认为唐开元年间已印刷邸报。在他所著《中国雕版源流考》里有这么一段话："近有江陵杨氏藏《开元杂报》七叶，云是唐人雕本。叶十三行，每行十五字，字大如钱，有边线界栏，而无中缝，犹唐人写本款式，做蝴蝶装，墨印漫漶，不甚可辨。"《开元杂报》是唐开元年间的邸报。既然说是雕本，那就是说唐开元年间已印刷邸报了。《开元杂报》也就被认为是世界上最早的印刷报纸。但是也有人对上述论点持保留态度，因为杨氏所藏《开元杂报》已不知去向，无从确认它是雕本还是写本。现仅存它的仿制品，当然，从仿制品是无法推断原来是雕本还是写本的。

不过印刷报纸即使不始于唐代，但可以肯定不迟于宋代，因为宋代名家诗文常常提到邸报。如王安石有篇文章，题目是"读镇南邸报"，苏东坡有"坐观邸报谈迁叟，闻说滁山忆醉翁"的诗句，周必大也说过"近读邸报得感事诗"。这些都说明当时邸报已很普遍，发行量一定不在少数。小报受到欢迎，发行量更大。在宋代，书籍已广泛采用印刷的方式，很难想象，需要迅速流通大量发行的邸报和小报会不采取雕版印刷方式，而仍用抄写的办法。

邸报大概一直到晚明才采用了活字排印。顾炎武在《与公肃甥书》上说："忆昔时邸报，至崇祯十一年才有活版。"这时期使用的是木活字。清代出版的京报，从乾隆一直到晚清，也都是用木活字排印的。木活字印刷技术也被引进了印刷报纸的领域。

新闻报道的时间性是报纸的重要特性之一，具有报纸性质的邸报自然不例外。为了抢先出版，尽早地送达读者之手，富于创造力的雕版印刷工人，使用了两种快速制版方法。一种是"蜡印"，另一种是"豆腐干版"。

蜡印，顾名思义，是和蜡有关的技术，是雕版的一个变种。蜡版的制法，是用蜂蜡掺和松脂，混在一起，熔化后，薄薄地在木板上涂敷一层。需要刷印时，在蜡膜上用刀刻字，施墨刷印就行了。这种雕蜡版，对于那些需要抢时间的快报性的印刷物是很适宜的。

关于蜡印的应用，曾有过一个故事。

宋哲宗赵煦绍圣元年（1094 年），一个叫毕渐的中了状元。第二名榜眼叫赵谂。金殿唱名之后，人人皆急于传报，就用蜡版刻印。"渐"字三点水旁，不着墨。传报者大声地喊："状元毕斩，第二名赵谂！"听起来好像"斩第二名赵谂"。听到的人，都觉得"不祥"。后来，赵谂因为谋逆被杀，这就应了"斩赵谂"。

中状元在封建社会是荣耀，因而是受人崇拜的，谁都愿意最先听到这个消息。那时，"报喜"的人，等不及木刻书版刷印喜报，就用蜡印的方法出"快报"，把消息很快地传播出去。在 11 世纪末，在木板雕镂的基础上，劳动人民发明了这样的快速印刷法，该是多么可贵。

这种方法，在技术上还有待改进。因为蜡质不易黏附水墨，才出现了上

辕门抄（蜡印）

述水旁不着墨的现象，但决不能因此对这种创新加以否定或降低它的意义。

宋代以后，文献上虽不见记述使用这种方法，但1820年左右，广东的督抚衙门出的"辕门抄"（地方政府公报），就是用蜡印方法刷印的，一次能印400~500份。

另外，有的人刻"招贴"或"告白"时，也有使用蜡印的，这种方法的优点是"快"和"省"。只是由于那时还没有适合的油墨，所以印刷的东西，不那么清楚。这在任何一种工艺创造的初期阶段都是难免的，只要在实践的过程中不断探索，不断改进，就会逐渐克服所有缺点，达到完善的地步。可惜这种蜡印技术在发明后，人们不够重视，只作为应急之用，没有在改进印刷质量方面花更多的气力。到19世纪的清代，蜡印技术距发明已七八百年，仍保持原来面貌。

而"豆腐干版"在清代才有，据说："每日下午，阁抄既出，有老于刻字者，不必书写，即可刻于一种石膏类之泥板上。此板质柔易受刀，俗称'豆腐干版'。以微火烙之，则立坚。用煤屑和水印之，故墨色甚黯淡。"

京报用竹纸或毛边纸刷印，多的十几页，少的五六页，用黄纸做封面，长约20厘米，宽约10厘米，当时人把它叫"黄皮京报"。另外，还有一种叫"缙绅录"的出版物，每季出版一次，刊登中央和地方官员的名字，也是用木活字刷印，封面用红纸装订，有人把它叫"红皮历书"。

四、印刷术与书肆

书肆是过去书店的统称。历史上的书店与现在的书店不一样。现在的书店只管卖书，而过去的书店不仅卖书，而且印书，印哪些书也是由书肆自己决定的。所以过去的书肆实际上是兼出版社、印刷厂和书店于一身的出版机构。

我国历史上刻印书籍除了书肆的坊刻外，还有官刻和私刻，只是官刻仅刻印统治阶级需要的书籍，私刻仅刻印士大夫各自爱好的书籍。只有坊刻的书籍是根据广大民间的需要刻印的，是出售给广大市民的商品，因而书肆是我国古代出版事业的重要组成部分。

1. 雕版印刷术促进书肆的发展

我国历史上何时出现书肆，现在已无法查考。不过它的时代的上下限还是可以推测的。早在商代和西周，统治阶级为了维持他们的统治，垄断了传播文化知识的机构。当时是"学在王宫"，只有贵族子弟才能到王宫那里去学习，获得文化知识。到了春秋末期，孔子开始私人讲学，只要束脩数条，孔子就把知识传授给他，从此才打破官学的局面。这种知识可用束脩来交换的方式，使知识带上商品的意义。书籍是汇集知识的东西，只有到此时才有在"市"上去交换的可能。当然，说有可能并不等于说孔子时肯定已有出售书籍的书肆，不过书肆出现年代的上限可以推到这个时期。

文献上最早提到书肆的是西汉末年扬雄的《法言》。书中曾有"好书而不要诸仲尼，书肆也"这句话，可见最迟在西汉已有书肆了。此后，书肆逐步有了发展。东汉著名学者王充年轻时由于家贫，买不起书，经常到洛阳书肆中去看书。王充的学问非常渊博，均得力于书肆，可见东汉时书肆中书籍的品种已经相当多了。

在雕版印刷术发明之前，书籍靠抄写复制，社会上出现了靠抄书为生的人。像班超在没有"投笔从戎"之前，就曾给官家"佣书"。书肆的书也是雇人抄写的。从这里可以看出书肆在当时就承担出版和发行双重任务。

雕版印刷术发明之后，书肆有了新的变化与发展。雕版印刷术发明于唐代，可是唐代统治阶级对这个传播文化知识的重要工具却没有充分的认识。经史等重要典籍仍采取抄写的方式。雕版印刷术是民间特别是书肆首先利用并在它们的推动下发展起来的，而雕版印刷术的引用又大大刺激了书肆的兴盛。从唐及五代十国的有关记载，我们就可见一斑。

唐代没有用雕版印过经典，正像五代十国冯道说的"印版文字，绝不及经典"，在印刷术发明之后，除了私人用来印佛经外，就是书肆用来印民间迫切需要的书籍，广为发行。像白居易的诗由于受到民间的欢迎，江苏、浙江的书肆就把它"烨卖于市井"，也就是说把它印出来，深入民间发行。而且发行量相当大，达到"比比皆是""处处都有"的地步。再像唐大（太）和年间（827年—835年），四川和淮南"以版印历日鬻于市"，它的发行之广也达到"印历已满天下"的地步。到唐代末年，民间需要的字书、医学以及占梦、相宅、阴阳杂记等书籍也相继刻印出售。正是由书肆大量印刷民间需要的书籍，到五代十国时，江苏、浙江和四川书肆印的书籍已经达到"鬻印版文字，色类绝多"的地步。

书肆采用雕版印刷出书，书出得多了，获利也多了，新的书肆不断产生，分布的地区也有所扩大。唐代印书和书肆只集中在四川和江南两个地区，而到五代十国，除四川、江南外，汴梁、山东甚至像甘肃这种边远地区都有了书肆。

从宋代起，书肆的发展又进入一个新阶段。在全国范围内，书肆的数目日益增加，刻书的地区也日益扩大，组织规模也有了显著的发展。现在根据传本和各家书目的记载以及藏书家和个人的不完全统计，两宋时期300多年间已有书肆63家，地区遍及江苏、浙江、福建、江西、安徽、湖北、四川、广东、山西、陕西、河北等省。元代约90年间有73家，几乎各路都有。而明代 270 多年间又发展到 118 家，遍及全国各地。至于组织规模，到明代时，写版、校勘、刻版、装订都有专人负责，分工和人员配备都很明确。拿顾氏奇宇斋为例，明嘉靖三十四年（1555 年）印《类笺王右丞诗集》时，写版和校勘 3 人，刻版 24 人，装潢 3 人。明万历元年（1573 年）印《国雅》时，写版有 6 人，校勘有 11 人，刻版也有 11 人。

开封的书坊（宋代张择端《清明上河图》局部）

到了清代，坊肆不仅遍及全国，而且有的坊肆在各地设有分支机构，自成一个出版网。像重庆善成堂，总店在重庆，成都、南昌、沙市、汉口、东昌、济南、北京都有分店。各地分店都刻书，哪里刻的就标那里的地点。善成堂发售的书上还盖有"善成堂自在苏、杭、闽，检选古今书籍发兑"的戳记，不但自己出书发售，还贩卖同行刻印的书籍。

2. 书肆对文化发展的功绩

我国书肆有一个重要的特点，即有些书肆经营的时间特别长，商店过去一直用"百年老店"标榜，而经营时间超过 100 年的书肆比比皆是，有的甚至持续好几百年。拿经营年代最久的建安余氏书肆来说，从北宋经营到明末，先后达七八百年。关于它的经营年代还有一段轶闻：清代乾隆帝在鉴赏北宋著名书法家米芾墨迹时，看到纸上捺有"勤有"二字的印记，联想到宋版《古列女传》有"建安余氏靖安刊于勤有堂"字样，南宋"岳珂相台家塾论书版之精者，称建安余仁仲"。他怀疑米芾墨迹上的"勤有"二字与"勤有堂"有关。他又从元代刻的《集千家注杜工部诗》上也有"余氏刊于勤有堂"字样和明

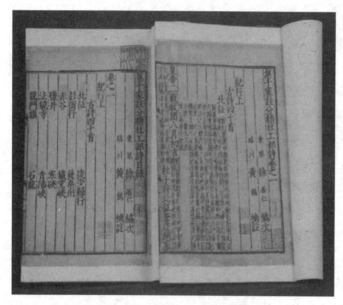

《集千家注分类杜工部诗》（元代余志安勤有堂刻本）

代末年建安余氏刻书盛行的记载，断定余氏刻书从宋代世代相传一直到明代。他不知现在余氏是否仍在刻书，于是命令福建督抚钟音进行调查。钟音调查后，知道在北宋时，余氏祖先就以刊书为业，所选纸料上印"勤有"二字，勤有堂名相沿已久，现在余氏仍有绍庆堂书肆。从上面这段记载可见，从北宋到清代，建安余氏一直在经营书肆。显然，书店经营的时间长，对多出书、出好书是一个有利条件。像余氏书肆刻的书，经、史、子、集、医书、类书、通俗文艺无所不包，出版了不少善本。

正像上面说的，书肆实际上是一个出版社，组织出版了大量民间需要的书籍。特别是有些书肆主人本人就是能够写作的文化人，除了组织出版外，还自己编写。像明代双峰堂余文台就编了《西汉志传》，宋代临安陈起汇集江湖诗人编辑《江湖集》刻印出版。南宋以后，有些诗人不甚知名，全赖这本诗集作品留传下来。

我们还可以从书肆所出版的书籍范围看它对我国文化发展的功绩。坊肆所刊刻的书籍，有以下几种类型：

其一，前代的著作。值得注意的是，坊肆刊刻这些书时，往往经过加工，像经书的本文和注疏，唐代一向是分别单行，宋时建安书坊开创性地把它们合刻在一起，便于诵读。他们有时还给书籍配上插图，增加考订材料。这些贡献出自坊肆，不能抹杀。宋、元经、子诸书中的"纂图""互注""重言重意"，我们现在还可从现存宋元版书中看到。

其二，日用参考书、日用便览、类书和一些著名的诗文集，如《万宝诗山》

《山堂考索》《古今事实类苑》之类。

其三，童蒙读本。旧时的启蒙读物《三字经》《百家姓》《千字文》《名贤集》《千家诗》等等。这些民间需用的大量书籍，士大夫的"家刻"向来不屑重视，如果不是坊肆予以供应，那时少年儿童将无书可读。

其四，学习、考试应用书籍。如诗韵、字书，唐代就已刊刻。以后坊肆为了迎合应试人的需要，还编了不少对时文选、诗选之类的东西，有的还加上评点批注。《儒林外史》里所描写的马二先生，就是给书肆做过这项事情的。

其五，民间文艺书籍。如，通俗小说、戏曲、评话、弹词、诗歌、宝卷等民间通俗文学。这些书不但由坊肆出版，而且不少是由他们编辑或组稿而成的。像宋代的《大宋宣和遗事》《京本通俗小说》话本的刊印；明代《大宋中兴英烈传》《西汉志传》长篇小说的刊印；清代北京隆福寺街的聚珍堂，用木活字排印了许多鼓词、小说等等。古典文学作品《红楼梦》，曾活字印刷三次，其中的清光绪三年（1877 年）王希濂所著《红楼梦一百二十回》，就是聚珍堂所排印。这类民间文学书籍，表达了人民的思想感情和生活情趣。对这些书，士大夫们以及官刻是从来不肯花精力的，只有书肆肯做出努力。应该注意，这是书肆书中有重大价值的东西，因为它反映了民间文化的一面，保存了不少的民间创作。

书肆的刻书范围虽很广泛，但一来限于他们的财力，二来限于当时的人民购买力，因此，他们刻印的书，不能像官刻本、家刻本那样精致。不过，他们在尽可能的范围内，发挥了极大的创造智慧，创造出一些人民喜爱的艺术风格，并给予整个出版事业以影响。如元代上图下文的小说，给明代版画的发展开辟了道路。明代后期版画艺术的发达，也是始自建安的书肆。其他如刻书字体的变化，也是源于书肆。我们如果要找反映人民生活、风俗习惯的出版物，舍书肆所刻书籍，就很难找到。书肆是我国古代出版事业的一种主要力量，对我国书籍出版史的发展，功绩是巨大的。

五、印刷术与宋版书

宋版书历来为收藏家和读者所重视，被认为是国家瑰宝。宋版书为什么这样被珍视呢？宋代距今已 700 多年，宋版书流传至今，作为文物珍藏，是可以理解的。但宋版书受到重视，不仅在于它是文物，而且由于它的雕版印刷工艺水平很高，具有很高的艺术价值，同时它内容正确，具有重要的资料价值。

1. 宋版书是精美的工艺品

中国的书籍，唐以前雕版印刷工艺尚未发明，书籍多系手工抄写，书的复本甚少。唐始行雕版印刷术，至五代十国时渐趋完臻，两宋印刷术已有很高的造诣，所出宋版书多有精美绝伦之品。

明代藏书家王世贞是一个藏书迷。他有一种脾气，凡遇上好书，总要想尽办法弄到手，否则就会废寝忘食，生活过得不安宁。在他做尚书时，遇一书商出卖一部宋版《两汉书》。当然，该书版刻精美、装帧考究是不用说的。王世贞一见就着了迷，爱不释手。书商看他一副猴急相，心中明白了，就趁机漫天要价，着实敲了他一记。他拿不出那么多的钱，又怕书被他人买去，只得咬一咬牙与书商约定，用自己一座庄园换得宋版《两汉书》。此事曾轰动一时，遭到许多人的惋惜与讥笑，但他不以为然，仍欣喜若狂。你说王世贞是书呆子么？不是，因为他懂得宋版《两汉书》的价值。

宋代雕版印刷不仅有很高的技术水平，而且印刷物具有很高的艺术性。

它是继承唐、五代十国的传统，又有所创造发扬的，形成了具有鲜明时代风格的高度成就。将现存唐、五代十国的印本和宋代印本比较就可以看出大致的情况。

如唐代咸通九年（868 年）《金刚经》、乾符四年（877 年）《历书》和中和二年（882

《开宝藏》书影（宋刻本）

年）历书残叶来说，所刻文字都已把原书的笔意表现得一丝不苟。这从《金刚经》的"咸通九年"四字、《历书》的"推丁酉年五姓起造图"九字，以及《历书》的"剑南四川成都府"七字能看出来。可是宋初《开宝藏》的《佛说阿惟越致遮经》上面"大宋开宝六年癸酉岁奉敕雕造"十三个字既保持原书写的神态，又刻得挺拔有力，显然刀法又有了进展。再拿刻本的字体、行款和格局来说，唐代那些刻本都还没有摆脱雕版发明初期的风格，非常朴拙。而北宋初年的《开宝藏》，虽然还保留唐人写经的格式，但字体已有了些变化。

此后，宋代雕版印刷工艺有了全面的进展，首先建立了一定的版式，注意版式与行间距离的配合，做到行款均匀。另外，在字体方面一般采用欧、颜、柳笔法，由书法家或字写得好的人写稿上版，再由刻工精心镌刻。由于刀法精致，刻出的字做到"字划如写"。总之，宋版书无论从版式、行款，还是字画刻写，不仅与唐、五代十国刻本风格迥异，就是和宋初《开宝藏》相比，也有了显著的变化和进步，完全形成了受雕版印刷所规定的册叶制度特有的版式风格。而在印刷方面，特地选上好纸墨，务必印刷得墨色淡而均匀，做到"墨色香淡，纸色苍润"。所以一本宋版书实际上是一件艺术性很高的工艺品。

上述宋版书的特色还可以从宋绍定二年（1229 年）刻印的《昌黎先生集考异》和宋咸淳年间（1265 年—1274 年）刻印的《昌黎先生集》《河东先生集》很清楚地看出来。例如《昌黎先生集考异》的文字，点画撇捺一丝不苟，

《昌黎先生集考异》（宋代池州刻本）

刀法挺脱，刷印清润，行款均匀。《昌黎先生集》和《河东先生集》就更突出了。如《昌黎先生集》的"北极有羁羽，南溟有沉鳞，川原浩浩隔，影响两无因"和《河东先生集》的"公之禄，二公行矣"都是刀法精湛，字画如写，势皆生动，既古雅，又秀劲，而且印刷细致，纸墨精良，真是"墨香纸润，秀劲古雅"，工艺性和艺术性都居于上乘，成为很值得珍视的不可多得的刻印本。

总之，宋版书体现了宋代广大刻工高度且富于创造性的技术水平，成为雕版印刷史上的一曲"阳春白雪"。从工艺性和艺术性的角度来评价宋版书，无怪乎那么多人喜爱它，珍视它，而甘愿以"佞宋"自居了。

2. 宋版书的收藏和翻刻

宋代刻印的书，不但纸墨精良，写刻认真，而且十分注意内容的正确性。宋初国子监刻书，在稿成后，首先送校勘官校过，由复勘官复校之后，再送主判管阁官再校点，要经过三道手续才付雕印，所以刻出来的书的内容都保证正确。宋代私刻书以至坊刻也受到这种影响，每刻一书必须认真校勘，翻刻的书中很多以国子监本为底本。综上，所以宋版书的内容都比较正确。还有，宋代刻印的唐代名家的诗文集和宋代三苏、秦少游的文集，由于与作者时代接近，以原著或抄本上版，所以宋版书不失原稿的本来面目。

　　宋代以后，刻书虽然有时也注意选本校勘，刻了一些善本，但总的说来没有像宋代那样普遍重视书的质量。脱漏舛讹，在所难免。像唐、宋诗文集，由于历代辗转抄写翻刻，与宋本相较，也常常会出现意想不到的错误。明代大藏书家毛晋曾经举了一个非常有说服力的例子。他说："唐诗'种松皆老作龙鳞'，若不读宋本，就不知今本'种松皆作老龙鳞'的错误。"至于坊刻，由于牟利刻印，尤其粗糙。以明代坊刻为例。明代以科举取士，嘉靖年间，书坊为了营利求速，刻印科举用书时，把古书割裂窜改刻印出售。不但书本款式扁狭，而且错误很多，如"巽与"误作"巽语"，"由古"误作"犹古"。为此，当时政府特发宋本五经给书坊，并发一道命令"务要照式翻刻，方许刷卖。如有违谬，拿问治罪"。

　　正因为宋版书文本正确，成为后代学术研究的依据，所以宋版书历代都很受重视。藏书家竞相收藏宋版书，刻书也争以宋版书为底本进行翻刻。明代中叶以后，珍藏和翻刻宋版书蔚然成风，像明代正德年间陆元大翻刻的宋建康本《花间集》，嘉靖年间嘉趣堂翻刻的宋淳熙本《世说新语》和芝秀堂翻刻的宋嘉定本《古今注》都是有名的翻刻本。到明末清初，江苏常熟出了一个著名的藏书兼刻书专家毛晋。毛晋一生致力于藏书与刻印书籍，尤其注重宋版书的收藏与翻刻。他所刻古书主要以宋版书为底本，他收藏宋版书也是为刻书选择底本。为了征购宋版书，他在家门口贴了一张启事，上边写："有以宋椠本至者，门内主人计叶酬钱，每叶出二百"。他这样重价收购宋版书，吸引售书者前来，曾有门前船舶云集的盛况。当时，常熟流行一句谚语："三百六十行生意，不如鬻书于毛氏。"在重赏之下，毛氏收购到的宋版书的确不少，翻刻的宋版书也很可观，从明万历到清顺治40年中刻书600多种，其中有不少宋版书翻刻的书，刻书数量之多、历时之久以及书籍流传之广都是罕见的。毛氏刻本，在版心下多刻有他藏书室名"汲古阁"三字，因此后世对于"汲古阁"本的古籍都非常珍视。

　　到了清代嘉庆、道光年间，校勘考据之学兴起，重视辑佚，又兴起收藏

皕宋楼

和翻刻宋版书的高潮。校勘学家顾广圻、黄丕烈都致力于翻刻宋版书。黄丕烈还是一个有名的藏书家，因为他藏有宋版书100多种，他的藏书室特地起了一个"百宋一廛"的名字。陆心源因藏有宋版书200多种，自称其藏书楼为"皕宋楼"。

正因为宋版书文本正确，以宋版书为底本的翻刻书内容也比较正确。以《古今注》为例，宋本《古今注》已失传，现仅存芝秀堂的翻刻本。有人曾用这个文本与北京大学图书馆所藏明刻本对照，发现北京大学所藏明刻本错误百出，有些地方几乎不能成句。正因为翻刻本比较接近宋本，所以一直受到重视。在宋版书流失后，它的翻刻本也被人视为珍本。汲古阁本之所以受到重视，就因为其中不少是宋版书的翻刻本。清代修《四库全书》时，在找不到宋版书时，就用它的翻刻本为底本。像南宋绍定二年（1229年）安徽池州张洽刻的朱熹《昌黎先生集考异》，在乾隆年间纂修《四库全书》时，已不知其流失何处，就收录它的翻刻本。

第六编　中国印刷术的外传和影响

　　印刷术的传播是世界最重要的文化交流之一，它推动了全世界科学文化的前进。中国人民友好地外传这一伟大发明，对世界各族人民的文化，对人类的历史进展，起着积极影响。随着人类社会、科学、文化的日益进步，其深远意义，也越来越为人们所深刻了解。中国印刷术的发明，不愧为中国人民对全人类的伟大贡献。

一、印刷术传入东邻朝鲜

我国和朝鲜的文化交流和友好往来，大约在公元前二三世纪就开始了。在南北朝时期，中国的学者、工匠、画师、僧人等，曾经到朝鲜半岛讲学、传授技艺、赠送书籍。到了唐代，新罗的和尚、留学生来我国求经或学习的，有时达100多人。高丽的王氏王朝，崇信佛教，效仿中国的考试制度，选拔人才，需要大量的佛经和儒书。中国发明了印刷术以后，雕版印刷的书籍和雕刻的印版，大量地输入朝鲜，但仍供不应求。于是朝鲜便利用本国特产的好纸好墨，仿照中国的办法，雕版印书。

有史可考的朝鲜自己刻印《大藏经》，是从显宗王询时代开始（991年—1031年），前后经过了71年才刻成，共6000卷，主要根据宋刻《开宝藏》和辽刻《契丹藏》复刻。这部藏经刻成以后，雕版藏于符仁寺，史称"高丽大宝"。后因毁于战争，于是高丽高宗二十四年（1237年）开始重新雕造，于高宗三十八年（1251年）刻成，共计6791卷，两面刻字，共刻版81258块。这部经版，几经修补，多次印刷，一直保存到现在，这就是有名的《高丽藏》。

北宋哲宗时，福建泉州商人徐戬，受朝鲜当局的委托，在杭州刻印《华严经》，书版有2900多片，

《高丽藏》

刻成后用海船运往朝鲜。朝鲜一面从中国刻版运回朝鲜印刷，一面也在国内刻印了不少的儒书和医书。最早的儒书刻本，如在 1042 年翻刻了中国的《两汉书》《唐书》，1045 年刻成了《礼记正义》和《毛诗正义》。高丽文宗十年（1056 年），西京留守曾建议"秘刻所藏《九经》《汉书》《晋书》《唐书》《论语》《孝经》、子、史、诸家文集，医卜、地理、律算诸书，置于诸学院，命所司各印一本送之"。可以想象，当时朝鲜秘书省所获雕版版本之多了。1058 年还刻成了《皇帝八十一难》《仿寒论》《本草格要》等医书。此外，朝鲜还刻印了不少本国的著作。

　　朝鲜的印刷术和中国的印刷术关系极为密切，这从很多方面可以说明。中国的胶泥活字传到朝鲜以后，他们就效法制成了陶活字。王祯使用了木活字印书，也很快传到了朝鲜，他们于 1376 年就用木活字印了《通鉴纲目》，同我国仅仅相差七八十年。

　　据现有文献史料，朝鲜大约在 1234 年，就使用了金属活字。但也是受毕昇的活字的启示而创造出来的。朝鲜学者说："活版之法，始于沈括，而盛于扬惟中。"尽管他们把毕昇说成是沈括，把扬古说成是杨惟中，但他们也认为活字首先是中国发明的。

　　朝鲜的铸字方法是，先用黄杨木刻出字样，用海浦软泥平铺印版，用刻好的字印于泥中，形成凹字，然后浇铸铜液成字。这几乎和中国的铸铜钱、铜印的办法一样，很可能是受中国的影响和启示而创造出来的。朝鲜使用铜活字的年代较早，但因质量较差，没能很好推广。直到 15 世纪初，朝鲜才开始大规模地铸铜活字印书。从 16 世纪到 19 世纪的 400 多年间，前后曾有 20 次较大规模的铸字。铸字规格和字体体形都有了很大的提高。每次铸字，都印刷了不少的书籍，有的字体，整齐清晰，笔法精妙，深受人们的欢迎。朝鲜"用铸字印书，凡经、史、子、集，无家不有""无书不印"。他们一得到中国珍贵的版本，就带回本国印刷，广为传布。他们用铜活字印的书，比我国多，现在还保存明代永乐年间的铜活字印本。

　　15 世纪，朝鲜校书馆有工匠 104 人。其劳动组织为：冶匠 4 人，分工冶炼金属材料；铸匠 8 人，分工烧铸活字；刻字匠 14 人，专刻木模；均字匠 40 人，专门排字；印出匠 20 人，专管印刷；此外还有雕刻匠 8 人，木匠 2 人，纸匠 4 人，再加上监印官、监校官、唱准（校对）、补字官等，很像现在一

《通鉴纲目》

个小型的印刷厂。

那时，朝鲜当局很重视印刷，而且有较为严格的赏罚制度。对铸字匠人、缮工有功劳的，不仅授以官职，而且对生活给予优待。凡无错误的书，对监印官和校对人员给以奖励；但如印出的书，发生差错，或者印刷质量不好，监印官、校对人、均字匠、印出匠都要受罚。这样所有工作人员，人人认真负责，不敢有丝毫的疏忽大意，所以朝鲜出版的书，错字比明本少。

朝鲜还是很早使用铅活字的国家，比中国和欧洲都早，时间约在1436年。当时用铅活字印成了《通鉴纲目》，因为字体很大，中间夹注为铜活字，是世界上最早的铅印本，也是印刷史上的一部稀有珍本。以后朝鲜还使用过铁活字。可以看出，朝鲜是一个在活字印刷术上富有创造性的民族。

朝鲜的印刷物，质量也比较精良，说明朝鲜民族具有钻研精神和严格的管理制度，同时这也和朝鲜能够生产质地优良的纸墨有关系。宋时，朝鲜生产的高丽鸡林纸，色白如绫，坚韧如帛，又称茧纸。他们还专门制造印书用的纸，印出的书质量很好。朝鲜在京城和全国各地，都设有造纸署，专管造纸。朝鲜制造的墨，在我国很早就有名。高丽送契丹的礼物中，就有"大纸细墨"。辽代印刷的藏经，就用的是新罗墨。宋代苏东坡的《吟墨诗》也有"珍材取乐浪"之句，赞扬朝鲜墨的质量。以后还用油烟造出"油烟墨"，这种墨对木版和铜活字印刷都很适应。朝鲜用这种墨印出的铜活字本，墨色光泽如漆，再加上字体秀丽，印工精良，印出的铜活字本质量很高。

二、印刷术传入一衣带水的日本

日中文化交流，历史悠久。285 年，朝鲜人王仁就把我国的《论语》等儒家书籍传入日本。以后日本还从中、朝引入佛教。6 世纪，日本把佛教立为国教。646 年，日本大化改新后，全国掀起学习大唐的热潮，曾多次派遣唐使、留学生和僧人到我国长安学习唐代文化。这些人回国后带回不少的笔、墨、纸、砚和抄本、印本书籍。

据记载，唐咸通六年（865 年），日本僧人宗睿从中国回国，带回经卷134 部，还有杂书，其中有西川印子《唐韵》1 部 5 卷，印子《玉篇》1 部。不少学者认为"印子"就是印本。

日本何时有了印刷，说法很不一致。日本的岛田翰说："夫雕书之事，即仿于六朝，其传于我，实在宝龟之先。"这是说中国在六朝时期就开始有了印刷术，传入日本，当在 770 年以前。日本有所谓宝龟本 4 种《陀罗尼经》300多份，刻印于日本天平宝字八年（764 年）。过去有些学者认为这是日本保存最早的印刷物。但因这次印刷在文献上没有明确记载，印刷物本身又没有明确的日期可考，同时在这以后的三四百年间，又没有别的印刷物可以旁证，所以近来有些学者怀疑其是否是 764 年的印刷物。

在日本，有确切年代记载的印刷物是

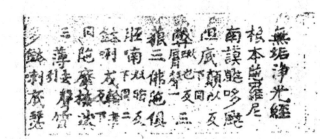

《陀罗尼经》

《成唯识论》，书末有宽治二年（1088年）刊印记，因而这是现在所知的日本可信的最早印本书，时在我国宋哲宗元祐三年，正是我国刻书之风盛行的时期。在北宋初期，日本有人从中国携回印本《大藏经》，后来又有一些和尚携回宋本佛典，因此，启发了他们自己刻书的兴趣。

日本初期刻印的书，几乎全是佛经。到了12世纪，刻书事业不断兴起，当时有"春日版""高野版""五山版"等版本。刻印的大都是禅僧语录、僧史、僧传等，没有刻印过全藏，可见当时日本雕版印书规模不太大。直到日本宽化九年到天和元年（1669年—1681年），日本名僧铁眼禅师等僧人发起募捐，翻刻明万历径山本方册大藏，称为"黄檗版"，字体行款，完全仿照明版复制。从此明体字就在日本广为流传，成为以后两国共同使用的字体，不过中国叫宋体字，日本称为明体字。

日本在宝治元年（1247年），根据宋婺州本翻刻的《论语集注》10卷，是日本刊刻最早的儒书。后来还刻印过《古文尚书孔氏传》。日本很重视中国的医书，把明代的《名方类证医书大全》，视为"医家至宝"，于1528年刻成，这是日本最早刊印的医书。

中国和尚到日本，不但鼓励日本刻书，还出资刻书，有的还亲自写书上版。日本早期刊刻的佛经、儒书、医书、韵书、课本、文学作品等，都是中国的著作，而且完全使用中国文字，只是读法不同而已。元代有不少的中国人在日本参加刻书。有史可查的去日本刻书的刻工就有四明的徐汝周、洪举，天台的周浩、俞良甫、陈孟荣、陈孟千、陈伯寿等50多人，有的单独刻书，有的集体刻书，他们在日本刻书史上占有重要地位。如《宗镜录》就由陈尧、陈孟荣、俞良甫等30多人参加刻成。参加刻印《韵府群玉》的刻工有彦明、长有等人。陈伯寿等刻工刻过《王状元集》《百家注分类》《东坡先生诗》等。

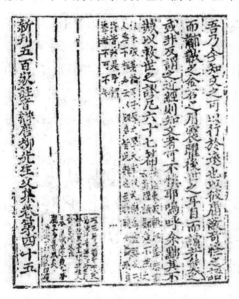

《唐柳先生文集》（俞良甫在日本刻印）

特别值得一提的福建莆田人俞良甫和江南陈孟荣二人。俞良甫是元末去日本的，自称"中国大唐俞良甫学士"或"大明国俞良甫"，他是一个有学识的刻工，在日本二三十年间，刻印了《李善注文选》《碧山堂》《白云诗集》《唐柳先生文集》等 10 种以上的书。他刻书是凭自己财物，"置板流行"，并非纯为谋利。因为他去日本从博多上岸，寓居日本京都附近的嵯峨野，所以他刻的书称为"博多版"。

《重新点校附音增注蒙求》
（中国刻工陈孟荣在日本刻印）

江南陈孟荣在日本曾单独刻印过《重新点校附音增注蒙求》《昌黎先生联句集》《天童平石和尚语录》等书，并说明是"孟荣刊施"，还自称过"孟荣妙刀"，可见他的技术是很高超的。他还和别人合作刻过《宗镜录》《杜工部诗》《玉篇》等书。

从以上情况，我们可以看出俞良甫、陈孟荣二人，在日本刻印了不少的儒书、小学读本、古典文学等，有的善本书还是从中国带去的。这些书在日本产生过很大的影响，所以至今日本人仍纪念他们的功绩。他们在日本翻刻的宋元本，字体精美，深受欢迎，同时又培养出一批日本刻字新手。由此可见，中国雕版工匠，对日本印刷的发展起过较大的作用。

日本人很热爱中国书，他们不但喜爱宋版书，而且还把在中国刻好的印版带回本国去刷印。宋景定五年（1264 年），日本曾委托浙江刻工孙源、石稜雕刻《大觉禅师语录》，把刻版带回日本，用日本纸印刷。这本书凝结着中国刻工、日本造纸工和印刷工的汗水。宋时杭州、越州的刻工极精，那时日本、朝鲜都曾在这两地刻版运回本国印刷。

日本何时使用活字，目前尚无定论，各种说法出入很大，但可以确定的是，他们使用活字比中朝两国都晚。日本的活字印刷可能是从朝鲜传入，据说 1593 年日本就开始用活字印《古文考经》，但是已经失传。现存最有名的木活字本是 1596 年小濑甫庵所印刷的儿童读物《标题徐状元补注蒙求》3 册。

日本自从有了活字印书法以后，因为经济便利，官方、民间都乐于采用。他们利用活字印刷了全部《大藏经》6323 卷。从 1637 年到 1648 年，历时

12年印成。日本自活字流行以后，印刷业开始脱离寺庙和尚之手，公私刊印书籍愈来愈多，其印书的范围也从佛教文化转向史学、文学等方面。这时我国的《史记》《后汉书》《东坡》《山谷诗》、宋明人的笔记和小说，以及诸子百家、各种医书，都用木活字排印出来。同时也将他们自己用日文写的《伊势物语》《太平记》《源氏物语》等书大量印刷出版。这时日本还出现二字、三字和四字相连的活字。

日本也使用过铜活字。这些铜活字是丰臣秀吉侵略朝鲜时抢去的，这是日本一些学者也不否认的事实。山井重章跋《群书治要》说："元和二年（1616年）命金地院崇传及林道春用征韩所获铜活字刷印。文字不足，命汉人林五官者增铸，有招工于京师，召五山僧掌校正。"由此可见，日本有些铜活字印书凝聚了中、朝、日三国劳动人民的汗水。1615年德川家康用铜字印《大藏一览集》125部，"文字鲜明，诸人称美"。

日本书籍的装订也仿效中国。佛经用卷轴、折本、蝴蝶装，也有极少数用包背装，而一般书籍，大都用线装。其形式介乎中、朝两国之间，本子没有朝鲜大，线绳也没有朝鲜粗，但相当结实牢固。书封多用蓝、紫色印暗花的厚纸，外贴印好的书签，很有日本的特色。

日本虽然从中国学会了造纸术，但因为纸张原料丰富，有的纸质地强韧厚实，可以两面印刷。日本制的墨，色淡黑而粗薄，制的松烟墨在宋代就作为贡品。因为有质量优良的纸墨，这对日本印刷的发展是有很大帮助的。

日本印书，不仅纸墨好，而且校刊不苟，颇得世人好评。中国有许多古籍在国内已经失传，而在日本却还保存有印本。如用铜活字印刷的《群书治要》《皇朝类苑》，俞良甫版《白云诗集》，以及各种医书、方志、戏曲、小说等佚书，达数百种之多。这是日本对中国古籍的一大贡献。这些书都是过去留学生、僧人以及两国商人带去日本的。同时日本在永乐年间曾向明朝提出要求购买多种书籍。因日本兵患火灾较少，各处寺庙不但保存了很多古籍，而且还保存了不少的佛经版片、木活字、铜活字。

三、印刷术传入东南亚邻邦

　　我国印刷术向南方邻国传播的文献在国内没有详细记载，但在越南和菲律宾还是有文献可考的。越南和菲律宾的印刷术也都是从我国传入的。

　　越南与我国有悠久的文化往来，和朝鲜、日本一样，都把中国的书籍当作他们的精神食粮。15世纪的黎文老说："本国自古以来，每资中国书籍、药材，以明道义，以跻寿域。"可见他们把中国的书籍当通晓事理的良师益友，把中国的药材，看成是他们延年益寿的灵丹妙方。在我国北宋时期，他们就经常派使节到汴梁（开封），要求购买各种书籍，宋朝政府也尽量满足他们的需要。他们常用土产香料等物，换回中国的书籍和各种药材，来华使节经常带回很多中国的经传、通俗小说一类的书籍。

　　北宋时期越南先后从中国带回《九经》《大藏经》《道藏》等书。

　　据史料记载，越南最早的印刷物，是在陈朝元丰年间木印的户口帖子。这说明越南在13世纪中叶就有了雕版印刷。据《大越史记全书》记载："英宗兴隆三年，从元朝'收得《大藏经》回留天长府，副本刊行'。"不久还印行了佛教法事道场新文。这说明越南最早的雕版印刷也是宣传佛教的书籍。

　　越南黎朝的梁如鹄，曾于1443年和1459年两次以使节的身份来到中国，他看到了中国的雕版印刷术，回国以后，就教他的本乡人仿效刻书。以后越南的刻字工匠，大多是他的故乡海阳省嘉禄县人。这对以后越南的雕版印刷影响很大。

　　越南刊印儒家书籍，记载最早的是1435年刊印的《四书大全》，1467年国子监又刊印《五经》。这前后30多年，是黎朝文化较为发达的时期，因为出版很多，在文庙造库贮藏。1734年，越南又根据中国版《五经》重刻，刻成以后，命藏于国学，印刷颁行，令学者传授。从 19 世纪初到 20 世纪，越南的历书，内容与我国当时的历书几乎完全一样。

越南印刷书籍，也有官刻本和私刻本。官刻本有国子监本、集贤院本、内阁本、史馆本。私刻本，多仿中国题的某堂、某斋，或者某地、某家藏版。

越南的刻书中心，首推河内。河内除官刻外，书坊很多，有会文堂、广盛堂、观文堂、盛文堂等多家。他们所刻的经书、课本、诗文集；史、地、传记、小说等，有不少就是翻刻北版（中国版）的。河内书坊的主人，原籍又大都是海阳省嘉禄县人，官家刻书和私刻书所雇佣的刻工，几乎全是上述地方的人。从这里可以看出越南雕版印刷和中国的密切关系。

越南使用过木活字印刷，据知较早的有 1712 年印的《传奇漫录》。越南绍冶年间（1841 年—1847 年），曾从中国买去一副木活字，1855 年用它印刷了《钦定大南会典事例》96 册，以后还用这副木活字印刷了其他书籍，可见越南也曾经用中国刻制的木活字来印刷书籍。有些书籍，还是在我国刻印后运到越南出卖的。

越南过去彩色套印的年画，不但刻印方法与中国年画相同，而且题材内容也很相似。有些年画，还是中国年画的翻版。

中国和菲律宾大约在 10 世纪就通航通商，以后两国经常交换手工艺品。1586 年以前，奥古期脱派僧侣到中国来，把在武昌等地印刷的中国书籍带回菲律宾。

现存最早的菲律宾印刷品，是刻印于 1593 年的《无极天主正教义真传实录》的中文译本。此书不但出自中国刻工之手，而且在版面形式上也继承了中国书籍的风格。当时菲律宾有几万华侨，中文译本，当然是出自华侨之手。这样中国的印刷术就传入了菲律宾。

《关公像》（越南的彩色印刷年画）

1604 年，阿特脱说："岛上的第一个印刷工，是马尼拉天主教多明尼各派教会的一个中国教徒，名约翰维拉。"菲律宾有不少学者都认为菲律宾的第一个印刷匠是中国人约翰维拉，而且还获得"菲律宾印刷匠之王"的尊称。鲍克斯尔说："这是一个中国人，在菲律宾经营第一个印刷所。就工人而言，从 1593 年在宾诺陀克设立以后，这个事业始终是中国人独占的。大约过了 15 年以后，才有菲律宾人参加。"

上述记载完全可以证明，菲律宾的印刷业是中国雕版印刷工人始创的，早期的

《无极天主正教义真传实录》（菲律宾印刷品）

工人都是中国人，后来才有菲律宾人。现在还存有 1606 年中国人雕版印刷的《正教便览》。

亚洲的柬埔寨和泰国的印刷术，也都是从中国传入的。据明史记载，明朝政府曾将印刷的历书《大统历》和发行的纸币"大明宝钞"分赠给真腊（今柬埔寨）、暹罗（今泰国）、爪哇等地。明成祖永乐二年（1404 年）命礼部印刷《列女传》1 万部，分赠给海外各国，赠给暹罗 100 部。中国的印刷物，直接赠送给这些国家，当然会引起他们自己办印刷业的兴趣。

四、印刷术传入西亚、非洲的过程

　　我国印刷术的西传却不像向东南亚邻邦传播那样顺利。在 7 世纪，我国已经发明了印刷术，可是到 14 世纪末欧洲才开始采用，前后经过了 800 多年。为什么会这样呢？现在让我们看看这个漫长的传播过程。

　　自从西汉张骞通西域以后，开辟了一条从我国西部经过中亚、西亚通向西方的贸易通道。我国的特产丝绸，就是经过这个通道运向西方的，所以被称为"丝绸之路"。同时，这也是一条东西方文化技术交流的通道。我国的养蚕、造纸等技术也是经过这个通道传到西方的。印刷术当然也不例外，可是印刷术经过这个通路传播的过程却并不怎样顺利。

　　就在印刷术发明的唐代，在丝绸之路东端的我国新疆和甘肃西部，维吾尔族建立了回鹘国。唐代印刷术发明之后，就逐渐向四周邻国传播。回鹘与唐朝关系比较密切，自然比较容易得到印刷品和学到印刷术。虽然文献没有这方面的记载，但考古发掘却为印刷术的传播提供了可靠的证据。20 世纪初，在新疆吐鲁番遗址中，发现了大量古代印有汉文、回鹘文、梵文、西夏文、藏文、蒙文的印刷品残片。又在敦煌千佛洞发现回鹘文的木活字。这种用汉文以外文字印刷的印刷品充分说明是回鹘印刷的，且当时他们已经掌握了印刷术。虽然这些印刷品残片只有少数标明印自元代，大多数没有标明年代，但从回鹘木活字为 1300 年左右

敦煌出土的木活字

的遗物，活字是在雕版印刷术发展到一定阶段后的产物，说明回鹘在唐代已有印刷术也是有可能的。可是回鹘的印刷术却没有对它的西邻大食帝国产生巨大的影响。

回鹘的西邻是现在的伊朗。唐初阿拉伯人建立了阿拉伯帝国（即我国历史上称为大食的帝国）。我国的造纸术就是先传入大食帝国，通过阿拉伯人的传播而传入欧洲的。可是印刷术却得不到迅速的传播。是不是大食没有接触到印刷术呢？显然不是。大食的东邻回鹘印刷术那么发达，说大食在元代以前没有接触到印刷品与印刷术是不可理解的。印刷术在大食之所以得不到传播，是因为大食对印刷书籍不感兴趣，所以大食没有发展印刷事业。一直到蒙古帝国四大汗国之一的伊利汗国统治伊朗地区时，海合都为了弥补国库的空虚，才于 1294 年在首都大不列士仿照元朝的至元宝钞，第一次公开采用雕版印刷术，发行了一种印有阿拉伯文和汉文的纸币。可是这次纸币的发行引起了很大的骚动，发行了 3 天就以失败告终。此后阿拉伯的文献就再没有关于印刷术的记载。由于阿拉伯世界对于印刷术不感兴趣，这就延迟了印刷术迅速向西方传播的进程。

尽管大多数阿拉伯人对于雕版印刷术不感兴趣，可是印刷术的优越性还是吸引了有些阿拉伯人。在 19 世纪末，在埃及发现了大量的文物，其中有50 张木版印刷的纸片，都是阿拉伯文，内容有《可兰经》残片和符咒。这些印刷物，有的印刷精良，装饰悦目，有的印工粗拙。印刷用纸有粗有细，有的白底黑字，有的黑底白字，还有一张是红墨印刷，印的是各种不同的阿拉伯文字体。有些专家认为，这大约是 900 年到 1350 年之间的雕版印刷物。这些印刷物正像美国学者卡特所说的：“从它们的外形，可以立刻使人想起中国和吐鲁番的印刷物。现有各种证据，表明它们不是用压力印出，而是用中国的方式，将纸铺在版上，用刷帚轻轻刷印成功的。”

当时的埃及还没有文献记载有过印刷术，因此不能排除这些印刷物和中国的印刷术没有关系。

非洲人第一个讲到中国印刷纸币的是埃及学者阿哈默特·锡拔布·丁，在他著的《地理书》中，根据到过中国的人们口头材料说：“在中国的钱是长方形的，纸是用桑皮做成的，有大有小，印上皇帝的名字后，就可以流通。”阿哈默特死于 1338 年，说明在这以前，有关中国印刷纸币的事，在埃及就有了流传。不久，摩洛哥的伊本·白图泰于 1347 年来中国，在他的游记中记有中国的"纸币大如手掌，面印皇帝玉玺，若纸被撕破，则可带至印钞处改换新钞，无须纳钱。"他到中国，住在杭州埃及大商人鄂斯曼后裔家中，而当时的杭州正是印刷术相当发达的时期（在他来杭州前 46 年，西夏文《华严经》已在杭州用木活字印刷），不仅能刻印汉文和西夏文，而且还能刻印蒙文等。上面提到的《可兰经》残片和符咒的发现，虽没有文献记载，但也不能排除为埃及人在杭州刻印好后运回埃及布施的。

五、印刷术西传欧洲

　　中国的印刷术怎么传到欧洲去的，现在还找不到文字的记载，我们只能根据历史进行分析。蒙古西征曾经到了欧洲的波兰、匈牙利、德国等国家，也到过威尼斯、布拉格等城市。当时中国与近东、阿拉伯地区和欧洲，建立了许多大道，军队往来，商业交通，相当频繁。这时很有可能带去经文、纸币等印刷物，而欧洲出现雕版印刷，正是元朝末年；而威尼斯和布拉格等地，又是欧洲推行印刷术最早的地方。

　　元代有一些欧洲人来到中国，如法国僧人鲁勃洛克、意大利的旅行家马可·波罗等人，他们在我国看到印刷的纸币，都感到特别新鲜，非常惊奇，用赞不绝口的语气记录下来纸币的形状大小、币值多少，印刷的文字、墨印以及兑换办法等。其中以脍炙人口的《马可·波罗游记》记叙得最为详细。这一方面说明马可·波罗对新事物充满了兴趣，另一方面也说明了当时非洲和欧洲还没有纸币。正是由于马可·波罗把在中国所见所闻的新鲜事物，较为客观详细地介绍到欧洲，因而中国许多东西得以传入欧洲。尽管不能判断他对印刷钞票是否做过具体介绍，可是却有一个传说：威尼斯有一个工人，因为看到马可·波罗携带回威尼斯的几块中文印刷木版，因而学会了印刷工艺。尽管传说不足全信，但是也不能否定它的可能性。

　　马可·波罗曾经在印刷较为发达的杭州和北京住过多年，他又是一位有文化素养的人，他一定会看到中国用雕版印的书，而那时欧洲还是用价钱昂贵的羊皮写书，他不会不做比较，也不会在回国以后不向别人介绍。

　　再进一步说，如果往来的商人、士兵、旅游者，都不一定注意印刷术，那么一些欧洲到中国来的传教士，却是一些对书籍颇感兴趣的人。如在马可·波罗离开中国后不久，教皇派赴中国的传教士约翰·孟德高维诺，从1294 年来到中国到 1328 年去世，30 多年一直住在燕京，担任教会领袖，发展了 6000 名信徒，他还学会了蒙文，并把《新约》和《诗篇》译成蒙文。这些传教士，学习当地的语言文字，一定会接触许多印刷的书籍，而且许多国家最早使用印刷术都是从宗教开始的，通过他们把印刷术介绍到欧洲，是完全可能的。

威尼斯人在元代到过中国的不少，而威尼斯又是欧洲知道中国印刷术最早的城市。当时的威尼斯政府，比较重视学术和技术，重视造纸业，正因为威尼斯有这些条件，自 1481 年到 1500 年之间，威尼斯设立的印刷所约有100 处。出版书籍较多，质量也较好，威尼斯成为当时欧洲印刷中心。这能和中国印刷术没有关系吗？

欧洲现存最早的雕版印刷物，是 1423 年印刷的《圣克利斯道夫像》。欧洲早期的印刷物，都具有宗教性质，但画得较为拙劣，先印出一个轮廓，再用手工或用阴文版填充颜色。他们的印刷和装订方法和中国完全一样。刻好版后，用手蘸墨刷于阳文木版上，再铺上纸，然后用刷子刷印，没有压力的痕迹。所用的墨，是烟炱与胶水溶成，一面印刷。装订时，为了露出印有图文的一面，把没有字的一面，折在里面，然后装订成册。所以外国有的学者也认为"欧洲的雕版印刷术大概是由中国传入的"。至于从哪条路线传入欧洲的，说法则不完全一致。有的认为纸币、纸牌由蒙古传入欧洲，活字版印刷术由远东输入欧洲；有的认为通过俄罗斯传入欧洲的；也有人认为从今天的中国新疆传到了俄罗斯，然后再传入欧洲的法国、意大利和荷兰等国的。

这些说法，虽然各有一定的根据，但还不能直接说明中国的印刷术，何

《圣克利斯道夫像》（现存最早的欧洲印刷品）

时、何地由何人传入欧洲。但是可以认为，通过元代的士兵，通过俄罗斯人和来华的欧洲商人、旅行家和传教士，经过波斯、埃及、俄罗斯等路线，中国印刷的纸牌、纸币和书籍传入欧洲，开阔了欧洲人的眼界，促进了他们对印刷术的需要，使欧洲的印刷活动发展起来，为他们刻印《圣克利斯道夫像》，为谷腾堡使用活字印刷术提供了技术经验，是合乎历史的。

　　我们现在可以这样思考和探讨问题，既然中国的造纸术，能够远在唐代就开始西传，而对欧洲的造纸术产生很大的影响，那么印刷术就没有理由不能西传欧洲。既然中国发明的火药和指南针，可以在 8 世纪至 9 世纪传到波斯、阿拉伯等国家，13 世纪至 14 世纪又传入欧洲，印刷术怎么就不能传入欧洲呢？这样可认为中国的印刷最迟于 14 世纪传入欧洲。14 世纪末在德意志的纽伦堡出现了宗教版画，后来在版印画像上出现了文字，不久，又把有文字的单页画像装订成册，这样就出现了雕版印刷的书籍，所使用的方法，完全和中国一样，也是单页对摺起来的。到 1450 年德国人谷腾堡又在雕版印刷术的基础上创造了铅活字印刷法，从此欧洲的印刷事业又前进了一大步。

　　15 世纪的欧洲，正热烈地追求新知识、探索新世界，印刷术特别是活字印刷术的出现适应了人们的求知欲，对文艺复兴和工业革命起了一个巨大的推动作用。

六、印刷术对人类文明的贡献

中国印刷术的影响，除它对于世界各地印刷术的发明、发展带来巨大的影响外，还有另外一方面的重要影响，那就是它对于人类文明的重大贡献。

首先，应当看到中国古代的印刷术在传播中国传统文化，以及它对于东方文化形成方面的重要影响。我们姑且不谈这种影响的性质，但它的存在和作用却是很显然的。

中国传统文化，是以儒家思想文化为核心的古老文化。在印刷术发明前的简册、缣帛及纸写书本时代，这些图书的主要内容就是为宣传、完善这种思想文化服务的。但是由于受到用手抄写而生产能力低微的限制，书的复本很有限，因而使这种文化的传播、发展也受到限制。到了唐代，印刷术发明之后，图书得以大量印行，这就大大地加强了中国传统文化的传播完善的手段，使它不仅在国内加速传播，而且借助于印刷术的力量远传到了朝鲜、日本、东南亚和中亚等地。这些国家和地区的人民长期使用汉字，读汉书，崇尚汉文化。中国图书的力量，尤其是印刷术发明后大量印刷品宣传、传播的力量，则是任何力量都代替不了的。众所周知，这些国家和地区的思想文化与中国传统文化有极大的相似、相通之处，而这种相似、相通之处则正是东方文化的独有特色。这中间，印刷术在国家间的文化交流，尤其是它将中国传统文化向其他国家的传播方面的作用之大是无法估量的。

另外，佛教文化是东方文化的又一重要内容。佛教自汉代传入中国以来，到南北朝时期开始了大发展，但佛教经典尚因靠手抄而推广受限。印刷术发明之后，中国的印本佛教经典不仅在国内广为传播，而且在亚洲许多国家和地区传布。这些国家还直接运用中国的印刷术来印刷佛经，传播佛教文化。

可以说，中国的传统思想文化和佛教文化是世界东方文化中重要的内容，是东方文化特有的色彩和象征。在这种色彩和象征的形成过程中，中国印刷术的传播、交流起了非常大的作用。它把这些思想文化色彩涂写到东方不同国家的文化积淀之上，功绩卓著，无可替代。

其次，我们还应当看到由于中国古代印刷术的启迪、影响而发展起来的西方先进的印刷技术，对于西方文化的进步、社会的变革，乃至于全人类文明进步所产生的巨大力量和作用。在中国古代印刷术的启示、影响下，15世纪产生于德国的活字印刷技术，经过不断改进提

欧洲早期雕版印刷书籍中受中国影响的上图下文的版式

高，到16世纪就形成了很大的印刷生产力量，出现了庞大的印刷出版工业，从而促进了西方文化科学的发展，并首先在西方产生了思想和社会的强烈变革。印刷术鼓励了西方不同民族的文学、语言和思想的发展，这些不同的文学、语言文字和思想文化成了许多新兴国家建立的重要条件和动力，是使欧洲科学、文化大发展，并带来了文艺复兴，从而使欧洲走出了漫长的中世纪黑夜的重要动力。此后，又是借助于印刷术的力量，西方文明得以传播到了世界各地，推动了整个世界思想文化的进步，从而使人类走进了今天的文明。

印刷术造福千秋万代，功盖全球人类。全世界人民都应当为发明印刷术而骄傲和自豪。